Tb ¹⁰ 4

T 2648
H.C.V.

VUES

PHYSIOLOGIQUES

SUR

L'ORGANISATION ANIMALE

ET VÉGÉTALE.

VUES
PHYSIOLOGIQUES
SUR
L'ORGANISATION ANIMALE
ET VÉGÉTALE;

Par M. DE LA METHERIE,
Docteur en Médecine.

A AMSTERDAM;
& se trouve
A PARIS,
Chez P. F. DIDOT Jeune, Libraire Imprimeur
de MONSIEUR, Quai des Augustins.

M. DCC. LXXX.

A MON AMI.

RECEVEZ, cher Ami, l'offre que vous fait l'amitié, de ce petit Ouvrage. Vous y verrez confirmé ce que nous avons dit souvent dans nos entretiens ; que ce n'est qu'en considérant l'ensemble des ouvrages de la Nature, qu'on peut espérer d'en entrevoir le mécanisme. On découvre dans l'un ce qu'on ne peut appercevoir dans l'autre ; & ils sont liés d'une manière si étroite, que les analogies induisent rarement en erreur.

Les sciences récréent & satisfont l'esprit ; mais l'amitié seule remplit le cœur, & fait le vrai bonheur de la vie. Aimez-moi donc toujours, comme je vous aime. Adieu.

DISCOURS
PRÉLIMINAIRE.

La Nature (1) dans aucune de ses productions sur notre globe, n'a déployé autant d'art que dans la structure des êtres organisés ; elle y a mis un appareil que nous ne lui voyons avoir affecté nulle part : chaque pièce qui les compose est d'une délicatesse & d'une texture qui sont encore au dessus de nos connoissances naissantes ; elles se rapportent toutes avec une telle exactitude, que le dérangement de l'une influe sur toutes les autres, & peut en suspendre le mouvement : le même esprit vivifiant les anime ; tous ces ressorts si foibles en apparence pro-

---

(1) Bien entendu que Nature ne signifie pas l'Auteur de toutes choses, mais qu'elle agit conformément aux loix qui lui ont été prescrites par Dieu.

duifent les plus grands effets. Quel rapport entre la fubftance pulpeufe du cerveau & des nerfs d'un éléphant, & la force prodigieufe de cet énorme animal ! C'eft que fans doute dans ces belles machines, comme dans les nôtres, l'excès de viteffe de la force motrice eft en équilibre avec celui des maffes.

Les corps des animaux font de fimples machines, dont le principe du mouvement eft en elles-mêmes. Nous fommes obligés de remonter fans ceffe les refforts des nôtres : celles-ci une fois animées fe meuvent jufqu'à ce que leur organifation foit détruite. Ce fuperbe courfier dont la démarche eft fi noble, cette biche fvelte dont rien n'égale la viteffe, font de pures machines.... Que dis-je ? les chefs-d'œuvre de l'efprit humain, l'Énéide, la Henriade, &c. ces ouvrages immortels, font le produit de différens mouvemens dans un cerveau bien organifé, qui fournit à l'ame cette foule d'images qu'elle place & encadre enfuite avec art.

Mais la Nature qui aime à enchaîner fes productions, n'a pas paffé de la matière inanimée aux êtres vivans fans fuivre des gradations; elle a produit d'abord les végétaux, dont quelques-uns reffemblent beaucoup à certains minéraux; elle a paffé aux animaux, en fe ménageant toujours des nuances infenfibles. Si le polype d'eau douce n'avoit le mouvement progreffif, peut-être devroit-il être placé dans le règne végétal. C'eft ainfi que marche la Nature pour arriver jufqu'à l'homme.

Quelque variété qu'elle ait mife entre les êtres vivants qui couvrent la furface du globe,

elle a cependant fuivi un feul &
même plan : des liqueurs circulent dans leurs vaiffeaux ; elles
font dénaturées par les forces
vitales qui en produifent de nouvelles. La reproduction s'opère
par un fluide particulier & par
le concours de différens fexes.
Les végétaux font fixés & tirent
leur nourriture du fein de la terre :
mais l'animal ne tient à aucune
place ; il a des fens qui le font
communiquer avec les objets
extérieurs : ce font ces fenfations
qui le meuvent ; il en conferve
la mémoire : enfin, l'homme rai-
fonne & eft capable des fpécu-
lations les plus fublimes. Il eft
cependant des animaux, tels que
l'huitre, fixés à un lieu d'une
manière immobile.

Ce fera à l'organifation du
corps humain que nous nous at-
tacherons plus particuliérement ;
elle eft plus parfaite & nous in-

téreſſe davantage : nous en ferons enſuite facilement l'application aux autres animaux, car la nature opère toujours par des voies aſſez uniformes ; elle ne ſe répète jamais dans aucune de ſes productions, mais elles ont toutes des rapports très-prochains. L'homme, qu'elle a diſtingué d'une manière ſi particulière par une ame ſpirituelle & immortelle, elle l'a voulu rapprocher des animaux, en l'uniſſant à un corps ſemblable à celui du jocko & de quelques autres eſpèces de ſinge.

Le corps humain eſt un des mieux proportionnés ; ſes mouvemens ſont faciles. L'homme eſt un des plus forts animaux : il n'eſt pas armé, il eſt vrai, comme beaucoup d'autres ; ſes dents ne ſont pas faites pour dévorer, il n'a point de griffes pour déchirer, mais ſa main peut s'armer de pierres & de branches d'arbres pour fe défendre ou pour attaquer. On pourroit foupçon-ner, difent quelques philofophes, que l'homme des premiers temps a pu marcher à quatre pieds comme le finge, & qu'il eft devenu bipède par habitude ; ce qui a dû produire de grands changemens dans fon corps. La face, qui étoit verticale par rap-port au tronc, lui eft devenue parallèle ; le baffin a totalement changé ! étant foutenu à la partie antérieure fimplement fur les ca-vités cotyloïdes ; la poftérieure a dû s'abaiffer par le poids de la colonne épinière qui porte toute fur l'os facrum ; auffi chez le fœtus approche-t-il davantage de celui des quadrupèdes : le pied ne faifoit point angle droit avec la jambe : les mufcles des feffes, des cuiffes & des jambes, par l'effort continuel qu'ils font pour foutenir verticalement toute la machine, ont acquis une grosseur prodigieuse : la main portant tout à la bouche, la mâchoire inférieure s'est un peu retirée : le nez s'est formé en se mouchant, parce que la mucosité fournie par les narines est devenue plus abondante : les poils lui sont tombés, & il s'est trouvé nu, comme l'est déja en partie le pungos, animal qui se rapproche le plus de l'homme. Nous avons vu des hommes abandonnés à la simple nature dans les forêts, courir à quatre pieds avec beaucoup de vitesse, se servir de leurs ongles pour déchirer les animaux dont ils se nourrissoient quand ils en pouvoient prendre, autrement ils vivoient de fruits : on a civilisé ces hommes, & ils sont devenus semblables à ceux de la société.

Cette différence dans la position du corps a dû produire de

grands changemens dans l'économie animale. Un favant a at-
tribué la plupart de nos maladies
à cette caufe. Les vifcères du bas-
ventre repofoient fur la poitrine,
& le poumon fur la plèvre : aujourd'hui l'un eft fupporté par la
trachée-artère, & les autres par
leurs ligamens fufpenfoires. Le
fang a moins de facilité pour
gagner les extrémités fupérieures, & a plus de peine à revenir des inférieures.

Il paroît, par les anciennes tra-
ditions, que l'homme habitoit
primitivement les pays chauds,
comme les finges ; mais, en fe
civilifant & fe multipliant, il eft
devenu habitant de toute la terre :
il peut multiplier fon efpèce dans
tous les climats, ce qui lui eft
particulier, & ce qui eft bien ex-
traordinaire. Nos animaux domeftiques approchent plus ou
moins de lui à cet égard.

Mais combien l'homme de la société est-il dégénéré de cet état de force & de santé de l'homme de nature ? Celui-ci, toujours errant, éprouvant toutes les injures de l'air, tantôt brûlé par le soleil le plus ardent, tantôt exposé à un froid âpre, ou à la pluie, aux orages, brave tout impunément ; il couche sur la terre, au milieu des neiges, sans en être incommodé ; la faim, la soif, ou l'excès dans le boire & le manger, n'altèrent nullement cette constitution vigoureuse : au contraire, l'homme social ne pourroit endurer ces mêmes intempéries de l'air sans en éprouver les plus grands accidens ; il est obligé de se couvrir, & de se construire des habitations ; l'excès ou le défaut de nourriture l'incommodent également.

Néanmoins il y aura encore de grandes différences chez lui

à cet égard. Les laboureurs, livrés aux travaux de la campagne, feront beaucoup moins délicats que les riches habitans des villes, qui vivent si mollement. L'illustre Citoyen de Génève, dans un moment d'humeur, a dit qu'à entendre les Médecins, l'homme fauvage & les animaux devroient être perclus de rhumatifmes, couchant fur la terre & expofés à tous les temps. Les Médecins ne diront point cela de l'homme de nature; mais ils le diront de M. Rouffeau, ils le diront de l'homme focial ; ou plutôt une expérience conftante & journalière ne le prouvera que trop. Un coup d'air, une porte entr'ouverte, enrhume une femme de Cour, & fa Fermière n'en fera point incommodée ; mais celle-ci le feroit de ce qui n'affectéra pas l'habitant des bois. On n'a pas encore calculé ce que peut l'habitude fur le corps humain; les remèdes les plus actifs, après un long ufage, n'y font aucune impreffion. Mithridate s'étoit tellement familiarifé avec les poifons, qu'il ne put, par leur moyen, terminer fes jours.

Le corps des animaux n'a pas fubi les mêmes changemens; ils fe font peu écartés de la place que leur avoit affignée la nature; chacun a confervé le génie qu'elle leur avoit imprimé. Les feuls animaux domeftiques, flétris par la fervitude, ont dégénéré de leur valeur originelle : ils ont pris les qualités & les défauts de leurs maîtres; leur tempérament s'eft plié plus volontiers à la différence des climats; dans toutes les faifons de l'année ils peuvent fe reproduire; le temps de leurs amours n'arrive plus à des périodes réglées. Mais en perdant de ſa force, le corps a acquis de l'élégance dans les formes : on n'eût point trouvé dans les forêts les belles tailles qu'ont nos chevaux diſtingués. Les végétaux eux-mêmes ont reſſenti les influences de l'état ſocial : la nature agreſte ne produiſoit ni les fruits délicats de nos jardins, ni les fleurs brillantes de nos parterres.

Cet Ouvrage eût pu être fort long : les ſeuls détails de l'anatomie comparée euſſent été immenſes ; mais j'ai cherché à être court, c'eſt pourquoi j'ai peu cité. Qu'on ne croie pas que c'eſt pour m'approprier des idées qui ne m'appartiennent point.

Cherchant à découvrir les principes des corps organiſés, j'ai dû remonter aux premiers élémens, pour voir qu'elle place ils y occupoient. L'eau, l'air, le feu & la terre, ſont diverſement combinés, & y exiſtent ſous des états bien différens : chaque jour étend nos connoiſſances à cet égard ; & elles parviendront à un point que nous n'oſions ſoupçonner, ſi on ſuit les expériences commencées.

Les animaux & les végétaux ſont de ſuperbes machines hydrauliques, animées par différentes puiſſances motrices dont j'ai tâché de développer le mécaniſme. La ſtructure du végétal étant beaucoup plus ſimple, j'aurois dû commencer par elle ; mais elle eſt moins connue, & en conſéquence j'ai cru devoir n'en parler qu'après avoir traité de celle de l'animal.

Les uns & les autres ſont uniquement compoſés de différentes liqueurs contenues dans des vaiſſeaux, & de glandes ou viſcères qui les ſéparent pour les différentes fins auxquelles la Nature les deſtina : j'ai cherché à

découvrir l'organiſation des uns
& la nature des autres ; ils m'ont
préſenté un ſeul deſſin, avec des
nuances infiniment variées ; j'ai
tâché de les ſaiſir, & de crayon-
ner l'échelle de la Nature.

TABLE.

Fin de la Table.

VUES

VUES
PHYSIOLOGIQUES
SUR
L'ORGANISATION ANIMALE
ET VÉGÉTALE.

DE L'EAU.

L'EAU eſt un des grands agens de la nature; elle l'emploie ſur-tout dans la conſtruction des corps organiſés, dont il eſt peut-être un des principes les plus abondans; car la baſe de tous leurs liquides, de tous leurs ſolides, eſt l'eau: c'eſt elle qui en tient tous les principes en diſſolution, & les fait criſtalliſer chacun ſuivant leurs formes & figures.

L'eau eſt infiniment plus abondante chez les jeunes animaux & végétaux

A

que chez les vieux : chez les premiers
tous les liquides & les solides ne font
pour ainsi dire que de l'eau chargée de
quelques autres principes ; mais en
avançant en âge, ces autres principes
en prennent la place, les liquides deviennent plus chargés, les solides prennent plus de confiftance. Les principes
huileux, falins, terreux, font plus
abondans, ainfi que l'air fixe, le feu
fixe ou phlogiftique ; leur fibre a plus
de maffe, plus de folidité, eft moins
flexible.

De la Terre.

La terre étoit le feul élément qu'on
croyoit autrefois pouvoir donner de la
folidité aux corps. Les nouvelles expériences ont prouvé que les corps organifés contenoient très-peu de terre :
ce qui abonde le plus en eux, eft
l'eau, l'air fixe, le feu fixe, l'huile &
les fels. Tous ces différens principes,
en fe combinant, acquièrent de la folidité & deviennent très-fixes : c'eft fur-
tout l'air fixe, élément qu'on en avoit
le moins foupçonné jufqu'ici, qui leur
donne cette folidité. On a démontré
par de nombreufes expériences, que

la chaux & toutes les terres calcaires ne doivent leur confiſtance qu'à l'air fixe qu'elles contiennent en grande quantité ; en les en dépouillant, on leur ôte leur ſolidité : d'où M. Haller a conclu, avec raiſon, que c'étoit cet air fixe, très-abondant dans nos os ſur-tout, & dans tous nos autres ſolides, qui leur donnoit la conſiſtance.

La terre des végétaux paroît une ; elle n'eſt point argileuſe, elle n'eſt point calcaire, & fait cependant efferveſcence avec les acides. Nous la rangeons dans la claſſe des abſorbantes.

On diſtingue deux eſpèces de terre dans les animaux, celle qui conſtitue les os, & celle qui entre dans la compoſition des parties molles & des fluides.

La terre des os a été appelée calcaire, mais elle en diffère à bien des égards ; il eſt vrai que calcinée, & même ſans l'être, elle fait efferveſcence avec les acides ; mais d'ailleurs elle n'en a point la cauſticité, elle n'attire point l'eau : auſſi la regarde-t-on aujourd'hui comme un ſel compoſé d'acide phoſphorique & de terre calcaire, avec une très-grande quantité d'air fixe, ainſi que la chaux elle-même qui en contient beaucoup : il en eſt qui admettent du natrum dans les os. La ſeule terre des écailles des coquillages eſt une vraie terre calcaire.

La terre des parties molles diffère beaucoup de celle-ci : lorſqu'elle eſt dépouillée de toute partie étrangère, comme après la combuſtion, elle fait bien efferveſcence avec les acides ; mais elle n'a nulle propriété des terres calcaires ; on l'appelle abſorbante : on n'y a point découvert, comme dans la calcaire, d'acide phoſphorique ; elle paroît peu différer de celle qu'on trouve dans les végétaux.

Les parties molles contiennent beau-coup moins de terre à proportion, que les parties ſolides ; car une maſſe conſidérable de chair donne très-peu de terre après la combuſtion ou la putré-faction, au lieu que les os en con-tiennent encore une certaine quantité.

Du Feu fixe ou phlogiſtique.

Le feu eſt l'élément le plus actif de la nature ; il anime tout. L'univers ſe-roit bientôt dans un repos abſolu ſans le feu ; tous les corps ſe combineroient & ne feroient qu'une ſeule maſſe. Le feu lui-même se combine comme les autres ; mais sa figure, sa mobilité, en rendent les combinaisons peu solides, & au plus petit choc, chaque particule de cet élément se dégage & jouit de toute sa mobilité. On peut considérer le feu sous trois états différens ; 1°. comme ayant toute son activité ; 2°. comme engagé simplement dans d'autres corps qui le privent d'une partie de cette activité ; 3°. comme principe constituant des corps, en faisant partie, ainsi que la terre, l'eau & l'air. Sous cette forme il prend le nom de feu fixe, ou de phlogistique ; c'est ainsi que l'air est considéré, 1°. comme faisant grande masse constituant l'atmosphère ; 2°. comme engagé dans la plupart des corps, par exemple, dans l'eau ; 3°. comme principe ou air fixe.

Le phlogistique ou feu fixe entre comme principe dans la composition des corps organisés comme dans tous les autres corps ; c'en est sans doute un des principes les plus actifs : il paroît y être en très-grande quantité ; il y est même surabondant. Nous le voyons d'une manière bien sensible au sujet de l'air que l'on inspire ; il est

changé en peu de temps en air phlogiftiqué : c'eft donc le phlogiftique furabondant qui s'unit avec cet air dans
le poumon, & le dénature ainfi. S'il
y a du phlogiftique furabondant dans
ce vifcère, il doit y en avoir dans
toutes les autres parties du corps : fans
doute il fera emporté avec l'humeur de
l'infenfible tranfpiration, puifque, dans
un appartement où il y a beaucoup de
monde, & dont l'air n'eft point renouvelé, bientôt tout l'air en devient phlogiftiqué.

« M. Mofcati me mande, dit M.
» Prieftley, qu'il avoit fait les mêmes
» obfervations que moi, dans la vue
» de prouver une circulation conftante
» & régulière du phlogiftique auffi
» bien que du fang, dans l'économie
» animale, & de déterminer par où il
» s'introduit, par quel véhicule il eft
» porté, quels effets il produit, &
» par où il fe décharge. »

Le phlogiftique n'eft que le feu fixe :
cet élément, comme tous les autres,
cherche fans ceffe à fe combiner ; mais
fa figure & fon mouvement font que
rarement fes combinaifons font folides,
& il fe détache avec facilité. Nous
en avons un exemple dans les métaux,

chez qui le phlogiſtique eſt ſurabondant, & tache les corps qui le tou-
chent.

Le phlogiſtique abonde dans toutes
nos liqueurs , mais nulle ne paroît
en contenir autant que les eſprits , ſoit
animaux, ſoit ſéminaux ; de même que,
parmi les liqueurs végétales , nulle n'en
contient autant que les huiles & les
eſprits ardens. Il doit cependant y avoir
une certaine proportion : il en eſt de
cet élément comme de tous les autres ;
s'il eſt en trop petite quantité , vraiſemblablement ces huiles manqueront
d'énergie , ou même ceſſeront d'être
huiles ; mais auſſi, ſi la quantité eſt
trop conſidérable , elles doivent également être décompoſées, & ne ſeront
plus huiles, mais tout autre compoſé.
Suppoſons que pour faire *l'aura ſeminalis* , il faille tant de parties d'eau ,
tant d'air, tant de phlogiſtique , il eſt
bien certain que ſi les proportions ne
s'y trouvent plus , ce ſera un nouveau
compoſé tout différent de *l'aura ſeminalis.*

Nous ignorons les effets du phlogiſtique ſur l'économie animale , mais
certainement il doit en produire de très-
grands , vu ſon activité ; s'il eſt trop

abondant, ou qu'il ne le foit pas affez, elle en fera également détériorée. Nous voyons d'une manière bien fenfible dans l'air, combien fa furabondance eft nuifible, puifque, fi cet air fe trouve furchargé de phlogiftique, il tue, ne peut fervir à la refpiration, ôte l'irritabilité aux parties, & produit tous les effets dont nous parlerons au fujet de l'air fixe, lefquels ne font dus qu'au phlogiftique. Nous en voyons encore un effet dans le feu électrique, qui ne paroît pas différent du phlogiftique.

Son défaut doit également produire de grands effets, mais que nous ignorons : peut-être eft-ce ce qui rend chez certaines perfonnes la fibre fi lâche, ôte l'énergie aux efprits animaux & féminaux ; elles font moins fenfibles aux impreffions de l'électricité ; &, comme nous l'avons dit, ce font les efprits animaux & féminaux qui contiennent le plus de phlogiftique.

M. Meeze a fait un grand nombre d'expériences pour prouver que la lumière elle-même fe combine dans les végétaux ; que ceux qui, étant toujours dans l'obfcurité, en font privés, fouffrent ; & que leurs liqueurs n'ont point l'énergie qu'elles doivent avoir.

La même choſe a lieu chez les animaux. Un animal privé de l'influence
de la lumière, perd de ſa force ; ſa
fibre devient molle, le tiſſu en eſt lâche : c'eſt ce qu'une expérience conſ-
tante démontre. La lumière elle-même,
qu'on peut regarder comme le feu le
plus pur, ſe combine donc, & entre
comme principe chez les animaux &
les végétaux.

Du fluide électrique.

Le fluide électrique joue un ſi grand
rôle dans toute la nature, qu'il n'eſt
pas ſurprenant qu'il ait une grande influence ſur l'économie animale & végétale : c'eſt un fluide ſubtil répandu par-
tout, & qui pénètre de même les corps
organiſés. Sa nature eſt encore inconnue : il a tant d'analogie avec le feu,
la lumière, qu'on a toujours cru que
c'étoit le même élément ; il brûle, il
éclaire ; il en a la ſubtilité ; il ſe trouve
par-tout : cependant il eſt ſenſible au
tact comme une eſpèce de gaz, ce
qui le différencie entièrement de la
lumière.

Je croirois que c'eſt le phlogiſtique
ou feu fixe ſurabondant qui ſe trouve

dans tous les corps, & qui s'en détache par les frottemens. M. Priestley
a prouvé que l'air de l'atmosphère
contenoit beaucoup d'air phlogistiqué :
cet air phlogistiqué sera mis en mouvement par le phlogistique qui sort
du corps électrisé, ainsi que la masse
de la lumière est ébranlée par un
corps lumineux, l'air de l'atmosphère
par un corps sonore : cet air phlogistiqué formera ce gaz dont nous allons
parler, & à qui on a cru reconnoître
des propriétés acides comme à tous les
airs gazeux. Cet air-ci sera encore plus
gazeux par la surabondance du phlogistique, ce qui pourra lui donner l'odeur
du phosphore de Kunckel : peut-être
l'acide phosphorique est-il cet air gazeux uni à une très-grande quantité de
phlogistique. On retire de cet acide
beaucoup d'air gazeux ; ainsi tous les
corps sont électrifables, puisque tous
ont du phlogistique surabondant ; l'électricité se communiquera à des distances
immenses par la quantité d'air phlogistiqué répandu dans l'atmosphère, dont
il constitue la majeure partie. Elle sera
moins forte dans les temps de pluie,
l'eau absorbant le phlogistique de l'air,
& s'y unissant.

Nos connoissances de ses effets sur les corps animés sont encore très-bornées : nous les voyons cependant bien marqués dans les cas de paralysie ; on sait qu'on a rappelé le mouvement & la sensibilité, par ce moyen, dans des parties qui en étoient presque entiérement privées. Il faut continuer l'électricité très-long-temps, donner la commotion électrique plusieurs fois par jour, cependant avec du ménagement : les personnes qui ont la poitrine délicate font quelquefois incommodées du coup électrique, lorsqu'il est trop violent.

Nous voyons encore l'influence de l'électricité dans les effets du tonnerre : combien de personnes ne souffrent-elles pas lorsqu'il tonne, ainsi que lorsqu'elles font électrisées ?

Comment agit le fluide électrique ? Il paroît que son impression se porte en premier lieu sur l'esprit animal : nous avons vu qu'il en réveille le mouvement engourdi dans la paralysie ; en second lieu, la lassitude qu'on éprouve après avoir été long-temps électrisé, annonce une très-grande dissipation de cet esprit ; par conséquent, que son mouvement a été accéléré par l'élec-

A vj

tricité. Enfin la commotion électrique , la fecouffe , annoncent que c'eft le genre nerveux qui eft affecté : on prétend même que de toutes les parties animales , il n'y a que les nerfs qui en reffentent les effets.

Ce fluide augmente auffi le mouvement des liqueurs du poulet dans fa coque , & on vient de prouver qu'il accélère de beaucoup fa naiffance : il rend la végétation plus forte , & fait diffiper l'efprit recteur des plantes.

Tous ces effets doivent être produits par la grande affinité qu'il y a entre le phlogiftique & les huiles , foit animales , foit végétales , qui ont toujours du phlogiftique furabondant : chez les végétaux ce font les efprits recteurs, les huiles effentielles , l'éther , l'efprit de vin, qui s'électrife avec le plus de force; ce qui eft une nouvelle preuve que le fluide nerveux tient de la nature de ces huiles , & eft lui-même une liqueur éthérée.

D'après ce que nous venons de dire , on fent combien la trop grande ou trop petite quantité de fluide électrique doit influer fur l'économie animale.

Nous ne parlerons pas du fluide magnétique, qu'on prétend avoir l'action la plus vive fur le corps humain. Sufpendons notre jugement, jufqu'à ce que des expériences bien faites, bien conftatées, fixent ce qu'on en doit penfer.

De l'Air de l'atmosphère.

L'air eft un des quatre élémens des corps : il faut le confidérer dans les opérations de la nature fous deux afpects, en grande maffe formant l'atmofphère, & enfuite comme élément, comme principe.

L'air, comme maffe, eft de première néceffité ; il enveloppe le globe, fournit les vents, les vapeurs, les pluies, &c. : mais nous n'en parlerons ici que relativement aux êtres organifés. Son premier ufage eft pour la refpiration : nul animal, nul végétal ne peut vivre fans refpirer ; & tous périffent plus ou moins promptement, dès qu'on interrompt en eux cette fonction effentielle, foit en les privant d'air, foit en leur fourniffant un air peu propre à la refpiration. Les grands animaux ne refpirent que par le poumon ; les poiffons par leurs lames, qu'on appelle vulgairement ouies, qui féparent l'air de l'eau ; enfin les infectes & les végétaux par un nombre infini de trachées.

Cet air de l'atmosphère s'infinue encore dans nos corps avec les alimens : il s'y mêle dans la maſtication, la digeſtion, donne le blanc mat au chyle, & pénètre avec lui dans le torrent de la circulation : celui qui eſt contenu dans les alimens, & qui s'en dégage pendant la fermentation digeſtive, comme l'annoncent les rots, les vents, les coliques venteuſes, opère encore la même choſe, & paſſe avec le chyle dans la maſſe ; mais celui qui ſe dégage ainſi eſt d'une autre nature ; c'eſt de l'air fixe, dont une partie ſe combine, & l'autre eſt expulſée, ſuivant Macbride, ſoit par les urines, ſoit par la tranſpiration.

Cet air par ſon élaſticité agit ſur les liqueurs, les fouette, les agite, les diviſe. On ſait combien il ſe raréfie par la chaleur, ſe condenſe par le froid : il eſt même ſenſible aux différens degrés de peſanteur de l'atmoſphère ; ſuivant les variations du baromètre, il doit ſe dilater & ſe condenſer. Cet air intérieur doit donc être agité ſans interruption, être alternativement condenſé & dilaté, puiſque le thermomètre & le baromètre varient ſans ceſſe. Par cette

efpèce de fyftole & de diaftole, il doit
agir finguliérement fur nos liquides &
fur toute la machine. Eft-il trop dilaté?
il diftend les vaiffeaux & produit les
effets de la pléthore, ce qui arrive dans
les chaleurs, & lorfque fur-tout le
baromètre defcend beaucoup, dans
les temps pefans. Eft-il trop condenfé? il ne peut plus affez agir fur nos
fluides, les divifer, &c. : c'eft pourquoi au printemps, chez l'animal comme chez le végétal, la circulation eft
plus animée par l'alternative continuelle du chaud & du froid, qui produit dilatation & condenfation dans
l'air : toutes les fécrétions fe font mieux;
l'efprit animal & féminal font plus
abondans, & naît le befoin plus preffant
de les évacuer. C'eft la faifon des
amours de tous les animaux.

Cet air fe combine enfuite avec les
autres élémens, & fait bientôt partie
de notre corps en devenant folide,
en devenant air principe. L'air fixe
s'unit avec la plus grande facilité à l'eau,
& la bafe de tous nos liquides eft l'eau;
c'eft celle fur-tout de la lymphe nourricière.

Cet air élaftique contenu dans la
maffe, a-t-il une circulation particu-

lière ? Lorsqu'il se dégage , comme
dans les emphysèmes , il se répand dans
tout le tissu cellulaire. Peut-on pour
lors regarder le tissu cellulaire comme
l'organe sécrétoire de cet air ? Il ne paroît pas avoir de circulation particulière ; il est mu avec les liqueurs dans
lesquelles il est contenu.

Le docteur Arbuthnot (Essai des
effets de l'air sur le corps animal,)
pense que l'air a la plus grande influence sur l'économie animale , il le
regarde comme propre à entretenir la
vie. Hippocrate , dit-il , a cru que l'air
étoit le principe du mouvement de l'a-
nimal. L'air peut rétablir le mouvement suspendu du cœur : il rapporte une
expérience singulière pour le prouver.

Le docteur Walter Needham pen-
dit un chien ; lorsqu'il fut étranglé &
qu'il ne donna plus de signe de vie,
il l'ouvrit, souffla dans le canal de
Pequet , & vit bientôt le cœur pal-
piter & reprendre son mouvement ; la
circulation se rétablit , & l'animal re-
couvra la vie. De quelque manière ,
ajoute-t-il , qu'on insinue l'air dans le
corps d'un animal , soit par la veine
cave , soit par l'anus, la même chose
arriveroit.

Ce ne peut être que par fon élafticité : en pouffant le fang dans le cœur,
il en réveille l'irritabilité. L'air intérieur contenu dans les vaiffeaux d'un
œuf lors de l'incubation, eft dilaté par
la chaleur, & produit le même effet.
La même chofe a encore lieu chez le
Loir, le Lerot, la Chenille, la Chryfalide, chez tous les grands animaux,
& chez l'homme. Les variations continuelles du baromètre & du thermomètre annoncent une variation dans
le poids de l'atmofphère & la chaleur
qui doivent influer fur l'air intérieur,
& produifent tantôt fa dilatation,
tantôt fa condenfation.

On avoit cru jufqu'à ces derniers
temps l'air de l'atmofphère homogène,
chargé feulement de quelques vapeurs
& exhalaifons ; mais de nouvelles
expériences ont entiérement changé
nos idées à cet égard. Suivant M. La-
voifier, il n'y a dans l'atmofphère
qu'un quart environ d'air commun ;
les trois autres quarts font l'air inflammable, l'air fixe, les gaz vitriolique,
nitreux, marin, &c.

De l'Air principe.

La chimie moderne a démontré ce que jufques ici on n'avoit avancé que fur la foi des anciens, que l'air étoit un des principaux élémens des corps. On a vu avec étonnement fortir d'une matière quelconque une quantité prodigieufe d'air : dans l'analyfe, un pouce cubique de calcul humain a donné à Hales jufqu'à 516 pouces cubiques d'air. Toutes les parties animales, telles que les os, le fang, la corne, &c. en donnent des quantités prodigieufes.

Mais cet air a des qualités bien différentes de celui de l'atmofphère, de l'air commun : il n'eft pas le même dans tous les corps ; il varie dans chacun. Celui, par exemple, qu'on tire des métaux dans leurs diffolutions par les acides, eft tout différent de celui que l'on tire de la diffolution des terres calcaires par les mêmes acides : celui-ci eft appelé air fixe, & l'autre air inflammable. La fermentation fpiritueufe des matières végétales, telles que celle du vin, de la bière, donne une grande quantité d'air fixe ; la fermentation putride des mêmes matières vé-

gétales & animales donne de l'air inflammable ; & cet air inflammable varie
encore : celui des matières animales &
des plantes crucifères, a des qualités
que n'a pas celui qui provient de la putréfaction des autres végétaux. Tous
les acides, le vitriolique, le nitreux,
le marin, les acides végétaux, les alkalis, foit fixes, foit volatils, donnent
des airs, des gaz, chacun d'une nature différente ; les pierres elles-mêmes,
tel que le fpath, en donnent de très-fin-
guliers, & peut-être chaque corps de
la nature donnera-t-il un gaz particulier : ils fe trouvent la plupart confondus dans l'atmofphère.

Tous ces gaz, quoiqu'ayant quelques
qualités génériques, en ont de tout-à-
fait différentes : on ne peut guère douter qu'ils ne foient effntiellement les
mêmes, mais modifiés différemment.
Il paroît que c'eft le phlogiftique uni
à l'air atmofphérique qui en fait la
bafe ; fans doute il eft combiné diver-
fement dans chaque gaz particulier.
Nous ne confidérons ici que les efpèces
de gaz qui agiffent le plus fur les animaux : ce fera fur-tout l'air fixe.

1°. L'air fixe joue le rôle d'acide
en rougiffant le papier bleu, la tein-

ture de tournefol, s'uniffant à la chaux vive, à toutes les chaux métalliques, aux alkalis cauftiques.

2°. Tous ces gaz varient en pefanteur. Le gaz inflammable eft plus léger que l'air commun, & l'air fixe eft plus pefant, fuivant M. Cavendish.

3°. Ils ne peuvent fervir à la refpiration des animaux, & les chandelles s'y éteignent : les végétaux, dans les premiers momens qu'ils font expofés à ces airs très-concentrés, en craignent auffi les influences ; mais enfuite ils y végètent très-bien, & les dénaturent même en les changeant en air commun, en air atmofphérique.

4°. L'air fixe, les gaz vitriolique, nitreux, marin, acide végétal, s'uniffent avec beaucoup de facilité à l'eau qui les abforbe très-promptement ; ils font dénaturés par cette union. L'air fixe eft rendu à l'état d'air commun, d'air atmofphérique ; mais l'air inflammable eft immifcible avec l'eau.

5°. Ces gaz ôtent en partie l'irritabilité aux parties animales. M. Spalanzani a expofé des parties très-irritables fous des cloches où étoient des matières animales en putréfaction, & l'irritabilité a été diminuée confidérablement

6°. Il est une espèce d'air appelé déphlogistiqué, dans lequel les chandelles brûlent beaucoup mieux & plus long temps, & les animaux respirent avec beaucoup plus de facilité, & peuvent demeurer huit fois plus que dans l'air commun : cet air est appelé déphlogistiqué, parce qu'on le dépouille le plus qu'il soit possible de son phlogistique.

7°. Cet air déphlogistiqué est bientôt rendu phlogistiqué, ainsi que l'air commun, par la simple respiration des animaux, ou leur présence : donc les animaux fournissent sans cesse du phlogistique à l'air dans lequel ils sont contenus, soit par la respiration, soit par la transpiration.

8°. L'air fixe pénètre ou ne peut pénétrer l'air commun : on a prouvé qu'il pénétroit des cornues de grès ; ainsi il doit pénétrer à travers le tissu des végétaux, les pores de la peau, & le poumon des animaux, comme il pénètre le tissu d'une vessie.

9°. Effectivement, enfermez un animal sous une cloche, l'air qui y sera contenu sera bientôt phlogistiqué ; mais une partie sera absorbée. Suivant M. Hales, un rat a absorbé $\frac{78}{2024}$ de l'air où il étoit contenu, jusqu'au moment

l'eau contient beaucoup d'air fixe, &
l'abforbe néanmoins avec rapidité :
cependant il paroît que ces huiles douces en contiennent plus que les huiles effentielles , & même celles - ci
en contiennent une très-petite quantité.

16°. Les huiles douces deviennent
âcres & rances en les privant d'air fixe,
foit par vétufté, foit par diftillation ;
elles acquièrent par-là de la fubtilité,
& deviennent folubles à l'efprit de
vin ; mais, en leur rendant de l'air
fixe, on leur redonne leur douceur,
on leur ôte leur fubtilité, & leur fo-
lubilité dans l'efprit de vin.

17°. En mêlant de l'air fixe & autres gaz, excepté le gaz acide végétal,
avec les huiles, elles prennent de la
confiftance. L'huile de térébenthine devient vifqueufe comme de la réfine ;
le gaz acide végétal au contraire leur
donne de la fubtilité, & l'huile d'o-
lives, mêlée avec lui, devient prefque
volatile.

18°. Mais tous les éthers, dit M.
Prieftley , lorfqu'on les mêle avec
des gaz, paffent à l'état de gaz permanens, jufqu'au point de doubler le
volume total du mixte gazeux, effet
que

que ne peut produire l'efprit de vin le plus rectifié.

Toutes ces différentes efpèces de gaz, fur-tout l'air fixe, font très-abondantes dans l'atmofphère : ils tirent leurs propriétés du phlogiftique, puifqu'en les en dépouillant ils les perdent toutes ; & plus on leur en donne, plus ils en acquièrent. C'eft donc le phlogiftique qui conftitue ces gaz ; & puifque les animaux phlogiftiquent fi promptement l'air qu'ils infpirent, & où ils font, il faut qu'ils aient beaucoup de phlogiftique furabondant qui s'échappe fans ceffe, foit par la refpiration, foit par la tranfpiration, & s'uniffe à l'air avec lequel il a beaucoup d'affinité. M. le Comte de Milli a prouvé qu'il s'échappoit par la tranfpiration beaucoup d'air phlogiftiqué. D'après toutes ces propriétés des différens gaz, on fent quelles influences ils doivent avoir fur les économies animale & végétale, y étant auffi abondans & auffi univerfellement répandus dans l'atmofphère.

La qualité acide de l'air fixe doit modérer la grande chaleur produite par la fermentation animale : il empêchera que le principe alkali volatil ne fe

B

développe avec trop d'abondance : peut-
être contribue - t - il à la formation de
l'acide phosphorique. Il tempère l'â-
creté de nos humeurs en donnant du
doux, de l'onctueux aux huiles animales,
qui par la chaleur auroient pu devenir
âcres. Le grand effet qu'opèrent les
eaux minérales acidules, n'est dû qu'à
l'air gazeux qu'elles contiennent, puisque de l'eau commune imprégnée de
gaz acide crayeux, ou de tout autre
air fixe, produit à-peu-près le même
effet. En rendant de l'air fixe aux huiles
devenues rances, on leur rend leur
première douceur : c'est donc par une
pareille union avec nos huiles animales,
que les eaux gazeuses les dépouillent
de leur âcreté.

Nous prouverons, en parlant de la
respiration, de quelle utilité est au sang
veineux l'air fixe : de la chair à moitié
putréfiée est rétablie dans son premier
état en lui rendant de l'air fixe ; de
même le sang des veines pulmonaires
est rétabli dans toute la pureté du sang
artériel, par l'air fixe qui est toujours
en grande quantité dans l'air atmosphérique que nous respirons : cet air
fixe pénètre le tissu du poumon. Du
sang dans une poëlette conserve sa

couleur vermeille à la furface qui touche
l'air, tandis que le refte prend une couleur noirâtre. La même chofe arrivera
à celui qu'on met dans une veffie, ce
qui eft une preuve que l'air traverfe
cette veffie. Il s'infinue encore vraifemblablement par les pores de la peau.
Hales a fait voir qu'un homme en
abforbe une quantité immenfe en peu
de temps ; tout cet air qui manque
n'eft pas, il eft vrai, entièrement abfor-
bé ; les nouvelles expériences nous ont
appris que le phlogiftique le diminuoit
beaucoup : cependant une partie doit
l'être par les pores abforbans, de même
qu'il s'échappe fans ceffe de l'air inflammable par les pores exhalans.

Cet air, en pénétrant ainfi jufques
dans nos liqueurs, s'y unit, foit avec
le principe aqueux, foit avec le principe huileux, puifqu'il a une grande
affinité avec eux ; & il fe combine
comme les autres principes des corps
organifés.

Nous avons vu quelle influence il
a fur les huiles : lorfqu'il n'eft qu'en
certaine quantité, il donne aux huiles
douces du balfamique, leur ôte toute
l'âcreté que la chaleur animale pourroit leur avoir fait contracter : fon

B ij

action n'eft pas auffi marquée fur les
huiles effentielles, lorfqu'il eft en petite
quantité; mais s'il eft abondant, il
épaiffit les unes & les autres, leur
donne une confiftance vifqueufe qui
approche de celle des réfines; tous les
autres gaz en font autant, excepté le
gaz acide végétal qui paroît augmenter
leur fubtilité. Les liqueurs éthérées font
réduites en gaz permanens par l'air fixe:
appliquons ces principes à l'économie
animale. Une certaine quantité d'air
fixe fera donc le plus grand effet fur les
huiles animales, leur donnera toute la
douceur qu'elles doivent avoir, &c.;
mais s'il eft en trop grande quantité, il
les épaiffira, leur donnera une confiftance vifqueufe, fur-tout aux huiles
éthérées animales, à l'huile nerveufe,
& à la féminale; &, en leur ôtant leur
fubtilité, elles ne pourront plus remplir leurs fonctions, couler dans les
nerfs, &c. & dès lors la mort s'enfuivra. On pourroit dire que ces huiles, telles que l'*aura animalis* & l'*aura
feminalis*, font de la nature des éthérées, & peuvent être réduites en gaz
permanens. Si cette union pouvoit être
affez intime pour cela, elle n'en feroit
pas moins mortelle, puifqu'il en réful-

teroit une pléthore des esprits animaux qui déchireroient leurs vaisseaux.
Les éthers dans de pareilles unions,
sous cette forme de gaz permanens,
augmentent presque du double. L'air
fixe, si utile à l'économie animale lorsqu'il n'est qu'en certaine quantité,
en devient donc destructif s'il est trop
abondant.

L'air fixe & tous les autres gaz ne
produisent des effets aussi nuisibles que
par le phlogistique qu'ils contiennent,
puisque c'est lui qui les constitue ce
qu'ils sont, & les différencie de l'air
atmosphérique. Nous ignorons comment cette surabondance de phlogistique agit : nous savons seulement que
chaque principe doit être en une certaine proportion pour constituer tel &
tel corps. Si tel principe est en plus ou
moins grande quantité qu'il ne le doit,
ce ne sera plus le même composé, c'en
sera un nouveau : ajoutez à l'acide vitriolique du phlogistique surabondant,
vous en ferez ou de l'acide sulfureux
volatil, ou du soufre ; de même, ajoutez aux huiles essentielles de l'air fixe
surabondant, vous les épaissirez, vous
rendrez douces au contraire les huiles
rances : voilà tout ce que nous savons.

B iij

Mais fans vouloir pénétrer dans la conftitution des corps , ne pouvons-nous pas dire que c'eft par fon acidité que l'air fixe tempérera la chaleur animale , empêchera le développement de la putréfaction, neutralifera l'alkali volatil prêt à fe développer ? Une vapeur légèrement acide , telle que celle d'un vinaigre foible , eft falutaire & agréable : trop concentrée, elle tueroit fi on la refpiroit long-temps. Une liqueur légérement acide, injectée dans les veines d'un animal , ne lui feroit pas de mal : fi elle eft un peu plus chargée, elle le tue.

Malpighi en a fait l'expérience : il a injecté dans les veines d'un chien une liqueur acide qui ne lui eût pas fait le moindre mal s'il l'eût bue, & il a expiré auffitôt. Un animal expofé à un air fixe, ou tout autre gaz trop concentré, périra donc, parce que ces gaz pénètrent le tiffu du poumon, & vont fe répandre dans les vaiffeaux fanguins , lymphatiques & nerveux. Ces gaz peuvent encore donner la mort à un animal , en privant d'irritabilité le tiffu du poumon. Spalanzani a prouvé qu'ils l'ôtoient aux parties très-irritables : or, nous prouverons que le mécha-

nifme de la refpiration eft dû à l'irritation qu'opère le fang fur le poumon.
Nous ignorons comment ces gaz ôtent
l'irritabilité aux parties ; ce doit être
en altérant l'efprit nerveux qui eft une
huile éthérée animale , comme l'huile
de Dippel : ces gaz épaiffiffent ces
huiles effentielles , dès-lors elle ne
pourra plus couler dans le tiffu du nerf ,
ne pourra par conféquent fe contracter ,
& tout mouvement ceffera. Si dans
certains cas cette huile nervale peut
être réduite en gaz , il s'enfuivra une
pléthore qui fera également périr l'a-
nimal.

La nature ayant rendu l'air fixe d'une
auffi grande utilité aux animaux & végétaux , les y a plongés , pour ainfi dire ,
en en plaçant une quantité immenfe
dans l'atmofphère , qui ne contient
qu'un quart d'air propre à la refpiration ,
& dont les trois autres quarts font
d'air phlogiftiqué , foit fixe , foit
inflammable , &c. Cet air ainfi phlogiftiqué provient des fermentations
végétales , animales , des putré fac-
tions , de la préfence des animaux
fur le globe , d'émanations terreftres ,
telles que le feu brifou , l'air de la grotte
du chien , de la combuftion , &c. ;

B iv

& ces caufes font fi puiffantes , que
bientôt tout l'air atmofphérique feroit
inverti en air phlogiftiqué , fi la fage
nature n'avoit préparé des moyens effi-
caces pour empêcher que cette inver-
fion paffât certaines bornes , au-delà def-
quelles tous les grands animaux feroient
péris , car beaucoup d'infectes vivent
dans l'air putride. Ces moyens font la
végétation qui abforbe le phlogiftique
& invertit l'air phlogiftiqué,en air commun : ce phlogiftique lui eft de la
plus grande utilité dans l'économie végétale pour former l'huile. Les pluies
opèrent le même effet , par la facilité
avec laquelle l'eau s'unit & abforbe
l'air fixe , l'air nitreux , &c. On l'é-
prouve d'une manière bien frappante
dans les grandes villes , dans les grandes chaleurs de l'été , où l'air phlogiftiqué eft très-abondant , la refpiration
eft pénible , difficile. Une pluie furve-
nant , il femble qu'on change d'air :
on refpire avec une facilité étonnante ,
la même facilité avec laquelle on refpire au grand air en fortant d'un lieu
où il y a beaucoup de monde. Par ces
moyens , la nature arrête la formation
des différens gaz qui fe répandent dans
l'atmofphère, & qui la rendroient bien-

tôt mortelle à tous les êtres vivans ; car, outre l'air fixe, l'air inflammable, &c. elle forme à chaque instant une très-grande quantité de gaz acide nitreux, & peut-être des autres gaz acides, lesquels gaz bientôt seroient trop abondans.

L'air atmosphérique sera donc plus ou moins propre à la respiration, suivant qu'il contiendra plus ou moins de ces différens gaz. L'air des villes très-habitées, mal percées, où il n'y aura pas de grandes places pour servir de magasin d'air pur, n'est si mal sain que parce qu'ils y sont trop abondans ; on ne sauroit trop multiplier les plantations d'arbres dans les lieux très-peuplés. L'air des vallées marécageuses sera dans le même cas : cette cause a peut-être de plus grands effets que nous ne soupçonnons. Un air déphlogistiqué est si propre à la respiration, l'air fixe est si utile à l'économie animale, les autres gaz lui sont si nuisibles, que toutes ces causes agissant constamment, doivent influer à la longue sur les animaux ; peut-être n'est-ce pas une des moindres causes de la dégénération de l'homme policé.

Indépendamment de cet air fixe ré-

B v.

pandu dans l'atmosphère, il en est un autre dans l'économie animale qui circule sans cesse avec les autres liqueurs. Tous les corps qui subissent la fermentation spiritueuse donnent beaucoup d'air fixe : dans les celliers où on a fait fermenter une grande quantité de vin, de cidre, de poiré, de bière, &c. il se dégage un air fixe, un air méphitique si abondant, que, si on ne lui donne des issues, tout animal qui oseroit y entrer y périroit aussitôt. Les matières animales & végétales qui passent à la putréfaction, rendent aussi beaucoup d'air inflammable.

La digestion n'est qu'une espèce de fermentation, de décomposition, soit des matières animales, soit des végétales, dont se nourrissent les animaux ; elle doit donc produire & de l'air fixe & du gaz inflammable, lesquels circuleront avec leurs liqueurs. Une partie se combinera avec leur sang, leur huile, & toutes les autres liqueurs ; l'autre se combinera avec les os, les chairs, & toutes leurs parties solides ; & enfin le superflu sera expulsé par les différens émonctoires, les urines, la transpiration, & sur-tout par le poumon.

Arrêtons-nous un instant sur les produits de la digestion ; elle est une fermentation des alimens que l'animal a pris. Les effets de la fermentation de tous les corps de la nature, est de décomposer le corps qui fermente, d'en dénaturer tous les principes pour en donner de nouveaux. Le moût du raisin est un corps muqueux très-doux, contenant une grande quantité de phlegme, peu de terre, point de sel développé, seulement un acide mêlé avec beaucoup d'huile de la nature des huiles douces. Soumettez ce suc à la fermentation : la liqueur se trouble, s'agite, se boursouffle ; il s'en dégage une grande quantité d'air fixe. Tous les principes que nous avons vu le constituer sont invertis, la terre se précipite sous forme de lie ; dans cette lie se trouvent deux sels, l'un acide, appelé crême de tartre, & l'autre alkali, qui est l'alkali du tartre ; l'huile douce est entiérement dénaturée, à peine y en trouve-t-on quelques véstiges ; elle est toute invertie en une huile subtile, dite éthérée, qu'on appelle esprit de vin, à laquelle huile est unie une portion de l'acide, ensorte que le vin ne paroît plus être qu'une certaine quantité d'eau chargée d'une huile éthérée &

B vj

d'un acide. La partie colorante est fournie par la peau du raisin & la grappe.

Poussons plus loin cette fermentation, elle passera à l'acide & formera du vinaigre ; l'huile éthérée, l'esprit de vin sont détruits ; l'acide du vin se développe de plus en plus, & la liqueur acquiert un acide considérable : dans cette fermentation il ne se dégage point d'air fixe, il en est peut-être d'absorbé.

Enfin prenez des matières végétales, telle que de la menthe, &c. faites-les pourrir ; l'esprit recteur, l'huile essentielle se trouvent détruits ; vous ne retirez plus que du flegme, de l'alkali volatil, & une huile plus ou moins pesante, chargée de cet alkali volatil, avec beaucoup de gaz alkali volatil, de gaz putride.

Dans la végétation, la sève d'abord purement aqueuse, se charge bientôt de différens sels & d'une huile grossière, d'une huile grasse : cette huile, par la fermentation & le travail des forces végétales, s'atténue, devient huile essentielle, esprit recteur : cet esprit recteur est d'une volatilité étonnante; il s'unit, avec la plus grande facilité, avec l'eau & avec l'huile, sur-tout avec l'huile essentielle, qu'il rend volatile, & il la fait monter dans la distillation. Une plante aromatique depouillée d'esprit recteur ne donnera point d'huile essentielle, & en lui rendant l'esprit recteur elle en donnera beaucoup. Cet esprit seroit-il une espèce de gaz huileux ? Il est des plantes, comme la fraxinelle, toujours enveloppées, d'une atmosphère huileuse, qu'on enflamme avec une bougie. Cet effet peut être une suite de la volatilité de l'esprit recteur : on enflamme ainsi l'esprit de vin & l'éther.

Ces deux huiles, l'huile essentielle & l'esprit recteur, sont employées dans l'économie végétale pour donner de l'énergie à la lymphe nourricière, & de la consistance aux solides.

Il est encore une troisième espèce d'huile éthérée chez les végétaux ; l'esprit séminal. Sa nature huileuse ne peut être contestée : lorsque les petites boîtes qui la contiennent se crèvent exposées sur l'eau, la liqueur qui en sort est immiscible avec ce fluide.

Ce que nous venons d'observer chez les végétaux, nous l'allons voir répété chez les animaux, aux différences près que doivent apporter la différence de

ſtructure. Les alimens fermentent dans
l'eſtomac ; ils ſe décompoſent pour
donner de nouveaux produits : le corps
muqueux végétal eſt élaboré , ſoit par
la digeſtion , ſoit dans le torrent de la
circulation , & eſt inverti en gelée où
lymphe animale : il ſe dégage une grande
quantité de gaz qui doit être inflammable. Le principe huileux végétal eſt
également élaboré ; une partie garde
ſa nature végétale , & ſe dépoſe ſous
forme de graiſſe , de ſubſtance médullaire ; une autre eſt animaliſée , & fait
portion de la gelée animale ; enfin , il
y en a une portion d'exaltée, invertie en
liqueur éthérée , qui forme l'eſprit animal & le ſéminal.

La ſemence des animaux me paroît
compoſée, comme les huiles eſſentielles
des végétaux, de deux principes , un
très-ſubtil connu ſous le nom d'*aura
ſeminalis* , & l'autre plus groſſier qui eſt
une vraie huile immiſcible avec l'eau.
L'*aura ſeminalis* eſt une huile éthérée qui répond à l'eſprit recteur ; il
en a toute la volatilité & la ſubtilité.
Le ſecond principe correſpond à l'huile
eſſentielle ; il eſt animé par l'*aura ſeminalis* , à qui lui-même il donne de
la conſiſtance & des entraves. A ces

principes peut se joindre quelque portion de lymphe animale.

L'esprit animal, qui a tant de rapport avec le séminal, sera, suivant les analogies, également une huile subtile, composée de deux principes. L'un, appelé *aura animalis*, sera une huile éthérée de la dernière ténuité & volatilité enchaînée par une huile plus grossière. Nous connoissons cette *aura animalis*; elle est en si grande quantité dans les liqueurs, que son évaporation fait une diminution sensible dans le poids du sang. Cette huile si subtile, cette *aura animalis* est enchaînée par une huile plus grossière, ainsi que l'est l'esprit recteur par l'huile essentielle. Dans l'huile éthérée animale, dite de Dippel, il y a également un principe subtil, laissant par son évaporation un résidu qui s'épaissit & perd toute volatilité.

Nous avons d'autres analogies pour confirmer celle-ci. Les huiles éthérées végétales, telles que les esprits recteurs & huiles essentielles, & les huiles éthérées animales, comme celle de Dippel, agissent singuliérement sur les nerfs, le cerveau & les parties sexuelles : or, nous favons par le grand principe de chimie, *fimile fimili gaudet*, (principe qui anime toute la nature,) que ce ne peut être que parce que ces huiles reſſemblent aux huiles nervales & féminales, qu'elles augmentent leur ſubtilité & leur mouvement.

Ces huiles éthérées contiennent peu d'air fixe ; & en en dépouillant les huiles groſſières végétales ou animales, on leur donne preſque la ſubtilité des huiles éthérées ; c'eſt ce que la diſtillation fait par rapport à l'huile d'olives, qui devient ſubtile, ſoluble à l'eſprit de vin, & à l'huile de corne de cerf, ou toute autre huile animale dont on fait l'huile de Dippel.

Auſſi ces huiles ſont-elles ſinguliérement affectées par les différens gaz, ſoit fixe, ſoit inflammable, ſoit putride, qui tuent tous les animaux ; l'eſprit nerveux en eſt altéré. La ſurabondance de phlogiſtique que lui communiquent ces gaz le dénature entiérement ; il ne peut plus remplir dans l'économie animale les fonctions intéreſſantes auxquelles il étoit deſtiné. Le mouvement & le ſentiment dont il eſt l'organe ſouffriront & pourront même entiérement cesser suivant qu'il sera plus ou moins détérioré, ainsi que nous l'avons expliqué.

Telle est sur ces huiles animales l'action des gaz fixe, inflammable, vitriolique, nitreux, marin. Le gaz alkali putride qui se dégage de la fermentation putride, est chargé d'une huile subtile : cette huile altérée par l'alkali volatil agira sur le système nerveux, altérera l'huile nervale. Dans la putréfaction des plantes aromatiques, l'esprit recteur & l'huile essentielle font entiérement détruits. Les gaz de la peste, des fièvres malignes putrides, font de la nature du gaz que donne la putréfaction : ils agissent sur l'huile animale, lui ôtent son énergie, la détruisent en partie : de cette destruction s'ensuit d'abord une prostration, & bientôt la mort arrive ; au lieu que l'esprit recteur des plantes, seul ou chargé d'huile essentielle, donne de l'énergie à ces mêmes esprits animaux, sans doute à peu près comme le même esprit recteur donne de la volatilité & de la subtilité à l'huile essentielle.

Ces mêmes gaz phlogistiqués éteignent les bougies allumées, empêchent la combustion, parce que la combustion eſt une eſpèce de dégagement du feu principe du corps inflammable , lequel dégagement ne s'opère que parce que ce feu trouve à ſe combiner avec l'air : or , ſi cet air eſt chargé , ſaturé de phlogiſtique , il ne peut plus l'opérer , ainſi que l'alkali fixe ne peut décompoſer le ſel ammoniac , qu'autant que lui-même il eſt parfaitement libre ; c'eſt pourquoi la combuſtion ſe fait ſi bien dans un air déphlogiſtiqué.

Du principe huileux chez l'animal & le végétal.

L'huile eſt un principe très-abondant chez les êtres organiſés ; elle nous paroît l'ouvrage du règne végétal , parce qu'on ne connoît réellement rien dans le minéral qu'on puiſſe appeler huile. Ce principe , quoique eſſentiellement le même , varie cependant prodigieuſement dans les différentes eſpèces de végétaux : on en diſtingue deux grandes claſſes , les huiles douces & les huiles eſſentielles. Les premières ſont très-douces , les autres ſont plus ou moins âcres ; les premières ſont groſſières , les autres ſont très-ſubtiles ; les premières ne ſont point volatiles ,

celles-ci font de la dernière volatilité ;
enfin, les premières ne s'enflamment
que lorfqu'elles font très-échauffées,
les dernières s'enflamment avec la plus
grande facilité.

Les huiles à l'analyfe donnent de
l'eau, & de l'acide : elles contiennent
fûrement un autre principe qu'on ne peut
faifir, le phlogiftique ; c'eft vraifemblablement ce dernier principe qui fait l'ef-
fence de l'huile, & les huiles varieront
fuivant les différentes modifications de
ces principes. Le foufre, qui approche
beaucoup de l'huile, eft une combinai-
fon de phlogiftique & d'acide vitriolique ; tous les gaz contiennent beaucoup
de phlogiftique ; la végétation l'abforbe
& rejette ces airs déphlogiftiqués : c'eft
ce phlogiftique que la nature avoit ainfi
mis en réferve pour la formation de
l'huile chez les végétaux : elle produit
ainfi deux grands effets par la même
caufe, purifie l'air, & forme l'huile ;
telle eft fon heureufe fécondité dans
toutes fes opérations.

Il eft encore un autre principe qu'on
trouve très-abondant dans les huiles
douces, l'air fixe : on ne le rencontre
point fi abondamment dans les huiles
effentielles ; & les huiles douces, en

perdant ces principes, ſoit par la diſtillation, ſoit en vieilliſſant, acquièrent
des qualités de celles-ci pour perdre des
leurs propres ; elles prennent pour lors
de l'âcreté, ceſſent d'être douces, deviennent volatiles, ſolubles à l'eſprit
de vin. Mais les huiles eſſentielles paroiſſent contenir un acide plus actif que
celui des huiles douces. Il paroît donc
que c'eſt l'air fixe qui conſtitue la différence qu'il y a entre ces deux eſpèces
d'huile, & que l'acide y eſt pour peu
de choſe.

Ce que nous venons de dire des
huiles végétales, diſons-le des huiles
animales. Nous avons expoſé ce que
nous penſons ſur les huiles animales,
éthérées : quant aux huiles douces, on
en diſtingue de deux eſpèces : l'une qui
eſt la graiſſe, ne paroît point encore
animaliſée ; elle ne contient que de
l'acide : & l'autre, qu'on extrait des
parties vraiment animales, comme le
ſang, les os, donne beaucoup d'alkali
volatil.

Des différens fels des animaux & des végétaux.

Les fels font un des principes que la nature emploie le plus dans fes ouvrages ; elle les forme en grand dans le fein de la terre ; les trois acides vitriolique, nitreux & marin, fe trouvent par-tout : on veut même que le phofphorique fe rencontre dans les minéraux. Tous ces acides ne paroiffent être que des modifications de l'air gazeux avec le phlogiftique, dont la bafe eft de l'eau : uniffez de l'eau avec de l'air gazeux, vous aurez un acide léger ; ajoutez-y une quantité plus ou moins grande de phlogiftique, vous aurez des acides plus ou moins concentrés. La nature produit également les alkalis, foit fixe, foit marin, foit volatil. Le fel gemme fi abondant, a pour bafe le natrum : on trouve auffi du tartre vitriolé & du fel ammoniac, tout formés dans la fein de la terre.

Mais la nature ne fe contente pas de former les fels en grand; elle en produit journellement dans les végétaux & les animaux : ils contiennent du tartre vitriolé, du nitre, du fel fébrifuge, du double fel fufible, du fel

ammoniac ; par conféquent les acides
& alkalis qui forment ces fels y ont
été produits. Les fels font compofés
de terre, de phlogiftique, d'eau &
d'air différemment combinés : tous ces
principes fe trouvent chez les animaux
& les végétaux ; elle ne fait que les
unir par la fermentation, unique moyen
dont elle fe fert pour compofer & décompofer.

Il exifte une très-grande quantité de
différens fels chez les animaux : ceux
du corps humain fe réduifent à l'acide
marin, l'acide phofphorique, le natrum, l'alkali volatil, & quelque peu
d'alkali du tartre ; car tous les fels qu'on
retire de nos liqueurs font, 1°. l'alkali
végétal trouvé dans le lait ; 2°. de
l'alkali minéral ou natrum qui eft dans
toutes nos liqueurs ; 3°. du fel marin ;
4°. le fel fébrifuge de Sylvius ; 5°. du
fel ammoniac ; 6°. le double fel fufible, l'un à bafe de natrum, l'autre à
bafe d'alkali volatil ; 7°. du fel de
Glauber trouvé dans l'urine ; 8°. le
principe falin animal.

Subfifte-t-il un acide dans les liqueurs
animales ? On ne fauroit en douter ; il
y eft mafqué, mais il n'en exifte pas
moins. Les gelées animales, avant de

paffer à la putréfaction , aigriffent ;
ce qui annonce un acide : elles contiennent de plus l'acide phofphorique.
Tous ces fels font enveloppés , foit
par des alkalis , foit plutôt par des
parties-huileufes : dans beaucoup de diftillations, celles par exemple de la fuie,
des gommes , du gaïac , on a de l'a-
cide & de l'alkali tout à-là-fois , parce
qu'ils font engagés dans un principe
huileux qui les empêche de s'unir. Le
principe falin animal paroît être un
alkali volatil également engagé dans
un principe huileux , qui mafque une
partie de fes propriétés.

Tels font les différèns principes qui
conftituent les corps organifés : ils entrent tous dans leurs compofitions en
plus ou moins grande quantité : les
forces vitales les élaborent ; ils fe com-
binent , & donnent tous les produits
dont nous allons parler.

Ce fera dans la jufte proportion de
ces différens principes que confiftera
la bonne conftitution des liqueurs animales & végétales. L'un prédomine-
t-il fur les autres ? ce fera un vice.
Les fels font-ils en trop grande quantité ? ils donneront de l'âcreté , picote-
ront, irriteront. Sont-ils en trop petite

quantité ? les humeurs manqueront d'é-
nergie. Le principe terreux eft-il trop
abondant ? il fe dépofera par-tout, &
donnera trop de rigidité à la fibre. Si
ce même principe eft en trop petite
quantité, les os manqueront de folidité, la fibre fera lâche. Le phlegme
furabonde-t-il ? ce fera le même défaut, laxité dans la fibre : dans le cas
contraire, elle fera trop roide. Il en
faut dire autant du principe huileux,
du feu, de l'air fixe, &c. Enfin, ces
principes trop ou trop peu élaborés,
trop ou trop peu abondans, conftitue-
ront tous les vices de nos humeurs.
La perfection de l'art de guérir confif-
teroit à connoître toutes ces différences; mais que nous en fommes éloignés !

DE LA FIBRE.

La fibre eft l'élément dont font compofés les folides des animaux & des
végétaux : on en diftingue de deux
efpèces, la longue & la plate. La
longue forme les mufcles, les tendons,
les fibres ligneufes. Le tiffu de la fibre
plate s'épanouit, & forme les membranes

branes dans les animaux, les trachées dans les végétaux ; elle paroît moins ferme que la fibre longue ; elle se déchire facilement ; au lieu que celle-ci dans sa longueur a beaucoup de force : il est vrai qu'elle n'en a pas davantage dans sa largeur que la fibre plate. Une fibre végétale, une fibre musculaire, sont très-fortes dans leur longueur, le sont peu dans leur largeur. La fibre plate paroît formée de plusieurs portions très-petites de fibres longues, mises bout à bout, & entrelacées.

La fibre est composée de quelques parties de terre absorbante, unies par beaucoup de gluten : ce gluten n'est qu'une gelée animale ou végétale, qui, comme l'on sçait, prend de la consistance en se desséchant : c'est le principe glutineux végétal ou animal ; il est insoluble à l'eau comme la fibre, en quoi il diffère de la partie gélatineuse qui y est soluble : c'est ce qui donne de la consistance à la fibre. De ce même gluten les insectes forment leur soie, qui n'est également que la partie glutineuse de la lymphe ; & la force de cohésion qui donne de la consistance à cette lymphe, est celle qui fait cristalliser un sel, comme nous le dirons ailleurs.

C

J'ai dit que la fibre étoit compofée de peu de parties terreufes : en effet , prenez une certaine quantité de chair , faites-là brûler ; à peine en retirez-vous quelques parties de terre : dans les os eux-mêmes, elle eft la moindre portion de leur maffe: ce font donc l'air fixe , l'huile , l'eau , les fels , qui par la criftallifation acquiè- rent de la confiftance entre eux ; effecti- vement, l'analyfe chimique & les dé- compofitions donnent pour produit des chairs animales , du phlegme , de l'air , de l'huile , peu d'acide , & point d'alkali volatil développé , mais le principe de cet alkali , du fel fufible à bafe de natrum & à bafe d'alkali volatil , du natrum , de l'alkali végétal , du fel marin , du fel fébrifuge , du fel ammoniac : quant à la nature de la terre , celle de la lymphe eft abforbante , & celle des os approche de la calcaire , comme nous l'avons dit.

La fibre peut être plus ou moins groffe , plus ou moins grêle , plus ou moins tendue , fuivant la nature des principes qui la compofent ; fa tenfion eft produite par le degré d'intenfité de la force de cohéfion , & cette force eft plus ou moins confidérable dans les différens principes. Dans le

terreux, elle eft immenfe ; auffi font-
ce les corps les plus durs de la nature.
Dans l'air fixe, l'huile, l'eau, les fels,
elle eft bien moindre, & ces corps
n'acquièrent jamais une certaine dureté.
La fibre fera donc d'autant plus tendue,
qu'il y aura plus de parties terreufes ;
& elle le fera d'autant moins, que les
autres principes, fur-tout l'aqueux,
abonderont davantage. C'eft cette foupleffe de la fibre qu'on appelle *humide
radical* : fi cet humide radical eft fimplement diffipé, fans qu'il foit remplacé
par des parties terreufes, comme chez
les jeunes gens épuifés par des excès,
ceux qui tombent dans le marafme, la
confomption, on peut le remplacer
& ramollir la fibre par une diète ana-
leptique ; mais fi des parties terreufes
en ont pris la place, comme chez les
vieillards, on ne peut leur donner de
la foupleffe qu'en les fondant. Ce fondant feroit-il impoffible à trouver ? je
ne le fçais pas. Nous n'ignorons pas,
par l'exemple de la *veuve Supiot*, que
tous les os peuvent fe ramollir : chez
les femmes enceintes, ceux des extrémités inférieures quelquefois ne peuvent fupporter le corps fans fe cour-
ber : mais quel feroit ce fondant ? il

paroît que ce. devroit être un acide.

Pour que la fibre ait la fermeté nécessaire, il faut donc une juste combinaison des différens principes : trop de phlegme diminue la force de cohésion ; la fibre est lâche comme chez les enfans : trop de terre lui donne trop de roideur , comme dans la vieilleſſe , & lui ôte toute ſa ſoupleſſe.

Le ſeul principe huileux peut donc tenir ce juſte milieu, & donner à la fibre la fermeté néceſſaire, ſans en diminuer la ſoupleſſe. La force de cohéſion eſt grande dans l'huile , en même temps par ſon onctuoſité elle donne de la ſoupleſſe ; avec ce principe huileux, il ſe trouve toujours un principe ſalin qui lui eſt uni, ainſi que de l'air fixe. Ce principe, qu'on avoit regardé juſqu'ici comme inutile à l'économie animale & comme une ſurcharge, me paroît y tenir un des premiers rangs ; ce n'eſt point l'huile groſſière , la graiſſe , mais l'huile élaborée par les forces de la nature , tels que les eſprits vitaux & l'eſprit ſéminal : c'eſt cette huile qui rend la fibre inſoluble à l'eau.

La nature a beſoin de toutes ſes forces pour l'élaborer ; c'eſt pourquoi chez l'enfant & la femme, en qui le principe aqueux domine, la fibre est lâche ; chez les vieillards elle est roide, par la prépondérance du principe terreux ; enfin, ce n'est que dans la force de l'âge de l'homme où le principe huileux domine, que l'esprit animal & le séminal ont toute leur énergie, que la fibre est dans sa plus grande force, parce que c'est dans cet âge que la nature est assez forte pour élaborer ce principe huileux & l'atténuer. Le tempérament de la femme, celui de l'enfant, ne peuvent pas venir à ce point de perfection, ils n'ont pas assez de force, assez d'énergie ; celui des eunuques en manque également. Le défaut de semence ôte à la nature ses forces, & la fibre est lâche & molle : c'est l'esprit séminal, si titillant chez l'homme, qui contribue le plus à donner ce ressort à la fibre, soit par son *stimulus*, soit parce qu'en se combinant dans la fibre comme principe, il lui donne de la force : chez les femmes dont la semence n'est point aussi active, la fibre n'a pas la même consistance. Les animaux mutilés par la main de l'homme ont également la fibre lâche, molle, empâtée ; ils engraissent faci-

lement , & leur chair est beaucoup
plus tendre. On remarque la même
chose chez les végétaux : ces belles
plantes qui s'épuisent à apporter des
fleurs doubles, & n'ont point de semence, sont infiniment plus délicates.
L'esprit vital ou animal coopère pour
le moins autant que le séminal à donner de l'énergie à la fibre. Le cerveau
est-il affecté, les nerfs paralysés ? la
partie s'atrophie, & elle dépérit : ce
seront donc les esprits animal & séminal qui donneront à la fibre une consistance ferme.

La température extérieure influera
encore sur la fermeté de la fibre : plus
la chaleur sera grande, plus sera abondante la transpiration ; les parties aqueuses s'évaporeront, & les autres principes se rapprocheront. La chaleur est-
elle foible ? la transpiration sera peu
abondante, le phlegme surabondera &
relâchera la fibre. Nous l'éprouvons en
hiver, où la transpiration diminuée
surcharge la masse de phlegme : en
été au contraire, la fibre est grêle,
le corps alerte & léger. De même l'habitant des pays chauds a la fibre grêle,
tendue ; les os sont petits, durs ; la
vie est plus précoce & moins longue

que dans le Nord , parce que les forces vitales y ont plus d'énergie : il se
fait une ample sécrétion des esprits animal & séminal ; & , sans les pertes considérables causées par une transpiration
excessive , ils seroient d'une force prodigieuse. Dans le Nord , la fibre est
grosse , épaisse ; les habitans ont beaucoup de corpulence , peu de sensibilité : ils ont de la force , parce qu'ils
perdent peu ; mais la fibre est empâtée , n'a point d'énergie ; l'esprit est
pesant.

Le principe huileux produit les mêmes effets chez les végétaux : nuls bois
ne sont aussi forts que les résineux , tels
que le gaïac , le bois de fer ; nuls
aussi foibles , aussi cassans que les bois
aqueux , tels que le peuplier , le saule :
une branche de peuplier imbibée d'huile , en deviendra plus forte & moins
cassante. Les bois des pays méridionaux
sont tous très-résineux , parce que
la transpiration emporte leurs parties
aqueuses ; le travail de la nature a
plus de force chez eux : ceux des pays
froids ont une eau surabondante qui
ôte la consistance à leurs fibres. Il est
vrai que tous ceux de la famille des
conifères contiennent beaucoup de ré-

C iv

fine, mais elle n'entre pas comme principe, elle eſt dépoſée dans des cellules
particulières ; c'eſt le ſuc propre ; leur
fibre eſt toujours lâche, ils croiſſent
très-promptement ; leurs forces vitale
n'ont point aſſez d'énergie pour élaborer cette réſine. Le cèdre croiſſant
dans les pays méridionaux, diffère des
autres conifères : il a l'incorruptibilit
de ceux de ſa région.

DE L'ÉLASTICIT

DE LA FIBRE.

Cette fibre ſimple a des qualité
ſemblables à celles de tous les autre
corps, auxquels nous ne nous arrêteron
pas : nous conſidérerons ſimplemen
ſon élaſticité qui eſt très-conſidérable
nous en avons des preuves dans le tiſſ
cellulaire, dans les membranes, le
aponévroſes, les tendons, dans l
ſoie. Cette élaſticité dépend de ſ
force de cohéſion, & ſera plus o
moins grande, en raiſon de la tenſion d
la fibre, de ſa fermeté, de ce qu'elle con
tiendra peu de parties aqueuſes & beau
coup d'huileuſes : c'eſt ce qu'on ap

pelle le ton de la fibre. Chez l'enfant, elle est trop humectée, elle a peu de ton ; chez le vieillard, elle est trop roide; chez l'adulte, elle en a beaucoup, parce qu'elle n'a que la consistance nécessaire : ce ton variera chez lui en raison des différens principes qui la constituent. Est-elle grosse, peu tendue ? elle aura peu de ton , peu d'élasticité; est-elle grosse & tendue ? elle aura beaucoup d'élasticité , & retiendra long-temps une impression ; est-elle grêle & tendue ? elle aura aussi beaucoup de ton, mais un ton trop haut, & ne retiendra pas si long-temps l'impression, ainsi que les petites cordes de la harpe vibrent beaucoup moins de temps que les grosses; mais il faut moins de mouvement, moins de force pour les agiter. Le ton de la fibre sera donc en raison composée de sa masse & de sa tension; & sa tension dépendra de la nature de ses principes constituans : y a-t-il trop de parties aqueuses ? elle est relâchée ; y en a-t-il trop de terreuses ? elle est roide. Ce sont donc l'air fixe, les principes huileux & salins qui lui donnent la consistance sans la rendre roide, ainsi que nous l'avons dit. Il faut une très-petite force

C v

pour affecter la fibre de l'enfant : il la
faut un peu plus forte pour affecter
celle de la femme ; il la faudra encore plus forte pour mouvoir celle de
l'adulte ; & celle du vieillard sera la
plus difficile à ébranler.

Les fibres des différentes parties du
corps n'auront point le même ton ,
mais chacune doit avoir son ton particulier ; chaque viscère, chaque mufcle, chaque nerf, doit avoir un ton
qui lui est propre : c'est dans ce rapport exact du ton de chaque partie que
consiste la bonne santé : si l'une en a
trop relativement aux autres , elle agira
avec trop de force sur les liquides ;
par sa contraction elle les chassera ;
la résistance étant moindre dans les
autres parties , ils y afflueront, & l'é-
quilibre général sera troublé.

DE LA MOBILITÉ

DE LA FIBRE.

CETTE fibre ne sera mue, comme nous le dirons, que par l'esprit animal ; elle le sera d'autant plus facilement, qu'elle aura moins de masse, qu'elle sera plus tendue : ainsi la fibre grêle & très-tendue, le sera beaucoup plus facilement que celle qui sera grosse & lâche. Cette mobilité dépendra encore de l'esprit moteur ; plus il sera abondant & subtil, plus facilement il mouvra la fibre ; & au contraire, s'il est grossier & peu abondant, il l'ébranlera plus difficilement : cette mobilité sera donc en raison composée du ton & du volume de la fibre, de la quantité & subtilité de l'esprit moteur.

DES TEMPÉRAMENS.

ON appelle tempéramens telle conftitution du corps qui rend la fibre plus
ou moins mobile. La fibre grêle & fort
tendue donne le tempérament bilieux ;
la fibre forte & tendue donne le tempérament mélancolique ; celle qui eſt
peu tendue, ſoit grêle, ſoit groſſe,
conſtitue le tempérament pituiteux ;
enfin, celle qui, ſans être trop tendue,
n'eſt cependant pas lâche, mais a un
ton ſuffiſant, donne le tempérament ſan-
guin. On ſent toutes les nuances qu'il
doit y avoir dans les tempéramens,
depuis le *minimum* juſqu'au *maximum*
de tenſion, & depuis le *minimum* juſqu'au *maximum* de gracilité. On peut
former des ſéries ſuivant l'ordre des
nombres naturels, qui donneront toutes les nuances des tempéramens.

Il faut faire entrer dans la nature des
tempéramens la quantité & la qualité
des eſprits moteurs, puiſqu'ils contribuent à la mobilité de la fibre. Dans le
tempérament bilieux, ils ſont ſubtils,
un peu trop actifs & ſurabondans :
dans le mélancolique, ils ont la même

énergie, mais peut-être sont-ils moins subtils & moins abondans : dans le pituiteux, ils sont grossiers, sans énergie & en très-petite quantité : enfin, dans le sanguin, ils sont abondans, ont assez d'énergie & de subtilité, sans en trop avoir. Il faudra donc encore faire de nouvelles séries de l'abondance, de la subtilité, de l'énergie des esprits moteurs, qu'on fera entrer dans celles du ton & du volume de la fibre, pour avoir toutes les nuances des tempéramens. Toutes ces qualités de la fibre & de l'esprit moteur doivent être relatives aux constitutions ; elles doivent varier chez l'homme & chez la femme, chez l'enfant, l'adulte & le vieillard.

DU TISSU CELLULAIRE.

La fibre simple dont nous venons de parler est la matière première que la nature emploie dans la confection des êtres organisés ; elle forme d'abord le tissu cellulaire de fibres longues ou plates, ce qui en constitue de deux espèces. Celui qui est composé de fibres plates forme les

membranes , & les muſcles le font par
la fibre longue. Mais quelle eſt la première origine du tiſſu cellulaire & de
la fibre ? C'eſt la lymphe animale glutineuſe. Nous pouvons par un exemple familier rendre ſenſible cette formation : on connoît l'eſpèce de toile
que forme la bave du limaçon ; rien
ne reſſemble autant au tiſſu cellulaire ;
elle eſt formée par une vraie lymphe
glutineuſe animale : de même dans
la formation du fœtus la lymphe animale a criſtalliſé , s'eſt arrangée pour
faire des tiſſus ſemblables ; mais la
différence eſt que la bave du limaçon
eſt une, égale par tout en forces , au
lieu que le tiſſu cellulaire , quoique pa-
roiſſant un , eſt très-compoſé, comme
nous l'avons dit ; on y diſtingue la fibre
longue qui eſt très-forte, a beaucoup
de conſiſtance , & la plate qui en a
fort peu. On pourroit dire que le tiſſu
cellulaire n'eſt compoſé que de fibres
longues peu fortes, & qui encore molles
ont contracté entre elles une adhéſion
fort légère. Les corps muqueux contractent de pareilles adhéſions, ainſi que
la lymphe animale. La ſoie de la chenille,
de l'araignée eſt une fibre animale ; la
lymphe qui compoſe cette fibre, ce tiſſu,

est insoluble à l'eau. Ce qui donne la force à la fibre longue, c'est qu'elle est formée d'un seul jet ; & la réunion de ces fibres longues qui n'adhèrent entr'elles qu'avec une petite force, forme le tissu cellulaire.

DE LA COMPOSITION

DES PARTIES.

Tous les solides des animaux & des végétaux sont composés de fibres, lesquelles fibres forment toutes du tissu cellulaire : ce tissu cellulaire, ou s'épanouira en membranes, ou il sera contourné en rond, pour former des vaisseaux ; ensorte que tout dans les corps organisés paroît être du tissu cellulaire plein de différens liquides. Effectivement, prenez une fibre musculaire, divisez-la ; vous trouverez les dernières divisions composées de vaisseaux sanguins, soit artériels, soit veineux, de vaisseaux lymphatiques, & de nerfs ; tous ces vaisseaux sont unis par du tissu cellulaire extrêmement délicat. Décomposez ces vaisseaux eux-mêmes, vous les trouverez également formés

d'un vrai tiffu cellulaire. Les gros
troncs ont des vaiffeaux plus petits
pour les nourrir eux - mêmes , qui
dans leurs dernières divifions ne font
que des lames très-fines de ce tiffu
cellulaire. Les os ne font également,
que du tiffu cellulaire , entre les lames duquel font dépofées les parties
calcaires avec une partie lymphatique
gélatineufe : faites diffoudre ces parties
calcaires dans un acide , il ne refte
que du tiffu cellulaire & la partie gélatineufe , que vous extrairez dans le
digefteur de Papin. Prenez les vifcères,
vous ne les trouverez également compofés que du tiffu cellulaire ; telle eft
la membrane de Gliffon dans le foie ,
foutenant différens vaiffeaux fanguins ,
lymphatiques , nerveux , & les vaiffeaux propres du vifcère. Entre les
lames de ce tiffu cellulaire font dépofées des parties conftituantes , telle
qu'une lymphe gélatineufe chargée de
beaucoup de parties calcaires dans les
os , une fimple lymphe gélatineufe dans
les mufcles : dans les vifcères , il y a
très-peu de cette lymphe ; ils ne paroiffent compofés que de vaiffeaux.

Mais comment fe comportent ces
vaiffeaux dans leurs dernières divifions ?

c'est ce que la anatomie n'a encore pu démontrer. Ruysch prétendoit que les dernières ramifications des vaisseaux dans les viscères, étoient toujours des petits vaisseaux qui devenoient de plus en plus petits, & qu'enfin la dernière artériole communiquoit immédiatement avec la dernière vénule, sans qu'il y eût rien d'intermédiaire.

Malpighi admettoit au contraire un espèce de vide, un follicule intermédiaire où aboutissoit la dernière artériole, & commençoit la première vénule.

Je crois que dans leurs dernières divisions tous les vaisseaux du corps humain se communiquent : les vaisseaux lymphatiques, les vaisseaux nerveux, les artériels & les veineux s'abouchent tous les uns & les autres : nous voyons que les nerfs se distribuent à l'infini, & suivent les mêmes divisions que les vaisseaux sanguins ; les nerfs contiennent les esprits animaux : je crois donc qu'il est un point où ils se versent, soit dans les vaisseaux sanguins, soit dans les vaisseaux lymphatiques ; par le mélange ils vivifient le sang, cette lymphe : dans ce même point de dernière division, se trouvent les com-

mencemens des vaisseaux lymphatiques,
qu'il est démontré devoir exister dans
toutes les parties. La lymphe se sépare
en partie du sang artériel, enfile ce
vaisseau, tandis que l'autre portion du
sang gagne la veine. Est-ce un follicule
où aboutissent ces quatre ordres de
vaisseaux ? une espèce de glande ? où
aboutissent-ils immédiatement les uns
dans les autres ? je l'ignore. Si c'est
un follicule, il doit être très-petit ;
mais, follicule ou non, ces com-
munications de vaisseaux à vaisseaux
sont prodigieusement multipliées : c'est
un lacis d'une quantité innombrable
de ces quatre ordres de petits vaisseaux
soutenus par du tissu cellulaire de la
dernière ténuité. Entre les lames de ce
tissu cellulaire, il y a une lymphe déposée, purement gélatineuse dans les muscles avec un peu de graisse, mêlée
avec une partie calcaire dans les os ; &
dans les viscères il a un peu ou point
de cette lymphe. Telle me paroît être
en dernier lieu la composition du corps
animal : c'est dans ce même tissu cellulaire que s'épanche la sérosité dans
les maladies séreuses, & que s'amasse la
lymphe qui fait l'obstruction, en filtrant à travers les pores du tissu si délié de ces petits vaisseaux.

Le tissu cellulaire est donc la base dont se sert la nature pour sa charpente; mais elle l'emploie différemment dans chaque partie, ce qui fait que l'une ne ressemble pas à l'autre : dans les muscles, il est en long; dans les viscères, dans les glandes, il est contourné en mille sens; dans les vaisseaux, il forme un tuyau.

Il est à remarquer que tous les vaisseaux ont une singulière structure; ce ne sont point des tuyaux continus : comme la circulation y est très-ralentie, très-embarrassée, que les liqueurs pourroient remonter souvent à leur source, ils sont garnis de valvules pour empêcher cette rétrogradation; elles sont plus ou moins multipliées, en raison des obstacles. Dans l'artère où la force impulsive est considérable, il y a peu de valvules; dans les veines, il y en a beaucoup; dans les vaisseaux lymphatiques, elles sont si multipliées, qu'on les a comparées vulgairement à des grains de chapelets. On soupçonne, & avec fondement, que les nerfs sont construits sur le même plan, ensorte que les valvules y sont encore plus rapprochées. Il est vraisemblable que les tuyaux excréteurs des viscères en font également pourvus : les intestins eux-mêmes ont la grosse valvule du cæcum, qui empêche les matières de revenir du colon à l'iléum, & celle du cardia ; enfin, ici comme ailleurs, la nature n'a qu'un plan qu'elle varie infiniment.

Elle l'a suivi dans l'organisation des végétaux. Les fibres ligneuses font des vaisseaux séveux : il y en a d'artériels qui apportent le suc, d'autres le reportent. Un tissu parenchymateux fait l'office de glandes où s'opère la sécrétion du suc propre ; des vaisseaux particuliers servent à la circulation de ce suc ; des trachées portent l'air par-tout. Ils ont des parties sexuelles, des glandes qui filtrent les liqueurs pour la reproduction ; d'autres filtrent le nectarium.

L'analogie porte à croire que tous ces vaisseaux font pleins de valvules, ainsi que les vaisseaux des animaux : on a cru les appercevoir au microscope. M. Duhamel croit que dans quelques-uns ce font des poils courbés le long de ces vaisseaux qui font l'office des valvules.

DE LA FORMATION
DU FŒTUS.

LA formation du fœtus ne me paroît être qu'une cristallisation de la
lymphe animale qui a formé le tissu
cellulaire dont nous venons de parler,
& a imbu en même temps chaque viscère du petit embryon, de la liqueur
qu'il doit filtrer. Le cerveau contient de
l'esprit animal, le foie de la bile, &c.
il y a déja de la matière calcaire dans
les réseaux du tissu cellulaire des os ;
ils ne seroient pas os, s'il n'y avoit que
du tissu cellulaire ; le foie ne seroit pas
foie, si les pores biliaires n'étoient formés, & par conséquent ne contenoient
de la bile ; enfin, il doit y avoir de
l'esprit animal dans le cerveau, soit
pour donner la vie à toute la machine,
soit pour en entretenir tous les mouvemens. Chaque glande doit avoir son
humeur particulière ; non-seulement
tous les viscères doivent être ainsi cons-
titués, mais chaque partie doit contenir dans son tissu cellulaire ses parties
propres, ainsi que les os contiennent

des parties calcaires & gélatineuses.

La même chose se passe chez les végétaux : l'esprit prolifique est une lymphe végétale, un corps muqueux subtil très-huileux, qui cristallise & forme tout le tissu de la plante avec du tissu cellulaire ; les différens sucs se déposent dans les organes sécrétoires, les remplissent en partie ; & la lymphe nourricière se dépose entre les lames de ce tissu cellulaire.

DE L'ACCROISSEMENT

ET DE LA NUTRITION.

Le fœtus formé, comme nous venons de le dire, commence en lui une nouvelle fonction qui ne doit finir qu'avec la vie ; le mouvement du cœur. Ce viscère bat avec force, & envoie dans toute l'étendue de cette petite machine le sang & les autres liquides ; le tissu cellulaire qui la compose est encore mou, tendre comme de la gelée, & a fort peu de consistance : il cède donc à l'impulsion de ces liquides ; il prête, il est distendu, il s'alonge dans tous les sens, parce

que tout liquide presse en tout sens ;
il prendra des dimensions plus considérables en longueur & grosseur ; cet
accroissement ne cessera que lorsque
le tissu cellulaire, en prenant de la consistance, apportera une résistance supérieure à l'impulsion des forces vitales :
ce qui arrivera à l'âge de puberté.
Des circonstances particulières peuvent
avancer ou retarder cet âge ; tout ce
qui augmentera les forces vitales, tendra, crispera la fibre, & pourra lui
donner de la rigidité, le hâtera : ainsi
les chaleurs brûlantes du midi, en dépouillant sans cesse les liquides de leurs
parties aqueuses, dessèchent la fibre,
les forces vitales ont plus d'énergie ;
le corps est donc formé plus tôt ; mais
cette fibre trop tendue, trop roide,
bientôt ne peut plus céder, & la machine ne peut prendre tout l'accroissement dont elle eut été susceptible.
Tous les habitans de la Zone Torride
sont petits, mais plus précoces : à
neuf ans, dix ans, les femmes peuvent être mères ; les os sont plus petits, mais très-solides, très-durs, &
leur vie est beaucoup moins longue.
Ce que fait la chaleur du climat, toute
autre cause qui desséchera la fibre l'o-

péréra ; tels que l'abus des liqueurs fermentées , les paffions vives , un grand exercice , des alimens qui irritent , &c.

Au contraire , tout ce qui relâchera la fibre la détendra , en favorifera l'extenfion , & le corps acquerra plus de groffeur , plus de grandeur. Dans les climats tempérés , fous un ciel nébuleux où l'air eft fort humide , les alimens aqueux , fe trouvent les hommes d'une plus haute ftature , fur-tout s'ils ne boivent point de fpiritueux : la fibre devient groffe , s'empâte , & eft toujours abreuvée , parce que la tranfpiration & les autres fécrétions font peu abondantes. Cette extenfion feroit encore bien plus confidérable , fi ce n'étoit que par la même caufe les forces vitales perdent de leur énergie , & ne peuvent donner une impulfion affez forte aux liquides. Le défaut d'exercice , de paffions , l'indolence , foit du corps , foit de l'efprit , un fommeil trop long , favorifent encore cette extenfion.

Un travail forcé , une mauvaife nourriture , empêcheront cet accroiffement , foit en épuifant la machine & la jetant dans l'atonie , foit en ne la réparant pas ; les vaiffeaux ne font plus
affez

affez pleins, les forces vitales n'ont point affez d'énergie pour diftendre ce tiffu cellulaire; d'ailleurs, une mauvaife nourriture ne contient point affez de parties lymphatiques, abonde trop en parties terreufes, qui, en fe dépofant dans les parties du tiffu cellulaire, lui donnent une rigidité qu'il ne devroit acquérir que par la vieilleffe.

Quoique toutes ces caufes influent beaucoup fur l'extenfion du tiffu cellulaire, la texture originelle y entre pour beaucoup. Deux enfans nourris de même, demeurant fous le même ciel, & ayant des parens différens, n'auront point la même taille.

Cette extenfion du tiffu cellulaire eft-elle due à fon développement ? feroit-il pliffé comme la jeune feuille ? Cela ne paroît pas devoir être. J'aimerois mieux dire que le tiffu cellulaire prête jufqu'à ce qu'il n'ait pas trop de rigidité, ainfi que le fil de l'araignée ou du ver à foie s'étend jufqu'à ce qu'il ne foit pas trop roide, ou qu'il n'ait pas acquis trop de fermeté par fon deffechement.

Le tiffu cellulaire ne pouvant plus prêter à l'impulfion des forces vitales, eft cependant encore capable d'exten-

D

fion par une force plus confidérable ; comme nous le voyons dans les obf- tructions, les skirres, les farcocèles, les loupes : on a vu des loupes pefer jufqu'à 30 livres ; pour lors les artères deviennent plus groffes, battent avec force, les vaiffeaux font diftendus prodigieufement, & on voit avec étonnement fe former une nouvelle partie organique très-vivante, très- fenfible.

Les forces vitales ne paroîtront peut- être pas fuffifantes pour opérer cette extenfion; mais, comme nous le dirons, elle font immenfes & beaucoup plus confidérables qu'on ne fçauroit le croi- re, & leur action eft continuelle.

Ce tiffu cellulaire ne prête que peu à peu, fes mailles s'écartent infenfible- ment ; elles ne le font pas au point d'être affez lâches pour laiffer fuinter les liquides, ce qu produiroit des hy- dropifies toujours mortelles à cet âge ; mais, en s'aminciffant, de nouvelles par- ties viennent les fortifier : les lames du tiffu cellulaire s'épaiffiffent couches par couches. Nous voyons le péritoine, le tiffu de l'épiploon, la plèvre, la pie- mère, l'arachnoïde, qui ne font que des lames de tiffu cellulaire tout pur,

s'épaissir considérablement, & prendre
beaucoup plus de consistance chez l'a-
dulte que chez l'enfant, & chez le
vieillard que chez l'adulte. Nous en
devons dire autant de toutes les autres
portions du tissu cellulaire, de celui qui
unit les différentes fibres musculaires,
qui unit les muscles & toutes les parties
du corps, de celui qui compose les
différens vaisseaux, enfin de celui qui
dans les viscères soutient ces mêmes
vaisseaux, &c.

La lymphe en circulant dépose de
la même façon que nous voyons les
eaux chargées de parties terreuses déposer dans leurs canaux. Dans les grandes
cavités, où il y a épanchemens, on
trouve les parties qui y sont contenues enduites d'une espèce de limon
d'une croûte lymphatique. Toutes les
lames du tissu cellulaire ne sont,
ainsi que les autres parties, qu'un lacis
de vaisseaux ; chaque paroi de ces
vaisseaux s'épaissit peu à peu par de
pareils dépôts ; & ainsi toutes les grandes lames du tissu cellulaire, telles que
la plèvre, le péritoine, s'augmentent :
ces dépôts se font d'autant plus facilement, qu'il y a plus d'inégalités dans
les vaisseaux, & c'est ce qui arrive

dans l'accroiffement ; les pores font pour lors plus ouverts. Les parties prennent ainfi de la confiftance ; les plus petits vaiffeaux capillaires font étranglés ; la fibre devient roide, perd de fa foupleffe ; fon irritabilité , fa contractilité , diminueront en même temps ; & enfin viendra un temps où la circulation fe ralentira prodigieufement , foit parce que les forces vitales perdent de leur énergie , foit parce que les obftacles redoublent , foit parce que la plupart des filets nerveux font effacés ; & la mort arrivera. Ces parties ainfi dépofées dans les mailles du tiffu cellulaire , entrent dans la conftitution de la fibre , en font partie effentielle , & ne s'en fépareront jamais.

Mais il eft d'autres parties dépofées entre les lames du tiffu cellulaire , qui n'y font qu'interpofées, peuvent fe déplacer , & fouvent fe déplacent effectivement fans aucune fuite fâcheufe. Faites une ligature à une partie ; les liquides ne pouvant plus retourner au cœur par la compreffion des veines, & apportés fans ceffe par l'artère , s'épanchent ; la partie fe gonfle , fe tuméfie, devient rouge ; & fi la compreffion eft au point d'intercepter entiérement la circulation, la mortification furviendroit bientôt ; autrement la partie fe tuméfiera fimplement fans fe fphacéler. Dans l'œdème la partie fe gonfle prodigieufement : il en eft de même dans l'obftruction, le phlegmon, l'inflammation. Les liquides font-ils pour lors épanchés hors de leurs vaiffeaux, ou ces vaiffeaux font-ils fimplement diftendus ? Les gros troncs, les gros vaiffeaux ne prêtent que peu ; mais les vaiffeaux capillaires peuvent beaucoup prêter : & c'eft-là où fe fait la ftafe des liqueurs, au moins dans les cas ordinaires ; car dans l'hydropifie la férofité s'épanche réellement entre les lames du tiffu cellulaire, comme nous voyons qu'elle fait dans les grandes cavités. Dans l'ecchymofe le fang eft épanché dans le tiffu cellulaire ; mais dans une légère inflammation, ce font les vaiffeaux capillaires qui font diftendus & qui prêtent.

En fanté il fe dépofe également des parties dans les lames du tiffu cellulaire, qui n'y font pas adhérentes ; car un corps qui ne feroit compofé que de la fibre première du tiffu cellulaire tout pur, feroit dans le dernier degré de

D iij

marafme : cet état confifte en ce que
tout eft fondu , & qu'il ne refte plus
que du tiffu cellulaire qui ne peut fe
fondre.

Les os font compofés de tiffu cellulaire, foutenant les différens vaiffeaux
artériels , veineux , lymphatiques , &
nervins ; mais entre ces lames fe dépofe
la matière offeufe , la matière calcaire qui leur donne de la folidité :
cette partie peut fe fondre, comme dans
le cas de la veuve Supiot , & il ne
refte dans l'os que le tiffu cellulaire,
comme il arrive lorfqu'on met un os
dans l'eau forte , ainfi que l'a fait M.
Hériffant.

Ce que nous venons de dire des os,
nous le devons dire des mufcles : ils
font également compofés d'un tiffu cellulaire foutenant les différens vaiffeaux
fanguins , lymphatiques , & les nerfs ;
mais entre ces lames , au lieu d'une
matière calcaire, fe dépofe une matière
gélatineufe foluble à l'eau , & qui donne le corps aux mufcles : elle peut cependant quelquefois devenir calcaire,
comme on le voit à l'aorte , aux tendons. Cette gelée n'eft qu'interpofée
dans le tiffu cellulaire , & n'en fait
point partie ; elle peut être réforbée

ainfi que la partie calcaire des os, comme dans le marafme. Enfin, chez les perfonnes graffes qui ont beaucoup d'embonpoint, outre cette partie géla-tineufe, toutes les lames du tiffu cel-lulaire qui féparent les grands mufcles, & les fibres mufculaires de ces mufcles, font pleines de graiffe ; elle s'accumule principalement dans l'omentum, le méfentère, le méfocolon & le méfo-rectum. Le tiffu cellulaire trop ferré, comme celui du péritoine, de la plè-vre, des meninges, des vifcères, n'en admet point.

Les vifcères n'ont ni partie calcaire, ni partie graiffeufe, fort peu de gé-latineufe.

Comment la matière calcaire fe dé-pofe-t-elle dans les os, & couche par couche, ainfi que M. Duhamel l'a prouvé par les expériences faites avec la garence ? Comment la partie géla-tineufe fe dépofe t-elle dans les muf-cles & les vifcères, & la partie graif-feufe dans le tiffu cellulaire ? Tel eft le méchanifme de la nutrition.

Nous avons dit que nous croyons que c'étoit par affinité que la partie calcaire alloit fe dépofer dans les os, la partie gélatineufe dans les mufcles,

la bile dans le foie, &c.; mais la
caufe première qui fait dépofer ainfi
chacune de ces parties aux lieux que
leur marque la nature, ne me paroît
autre que la force qui fait criftallifer
toute la matière. Dans un vafe où font
différens fels, chacun criftallife à part :
dans les vaiffeaux des animaux & des
végétaux, font mélangées différentes
liqueurs, qui chacune vont fe dépofer
en des lieux différens; nous n'en favons pas davantage. Chaque partie de
matière a reçu une force propre qui
la fait criftallifer en raifon de fa figure ;
les métaux criftallifent, les pierres criftallifent, les fels criftallifent, les gommes, les réfines, les extraits, les extraits réfineux, les gommeux criftallifent. Les liqueurs des corps animés,
végétaux & animaux, doivent criftallifer également ; elles le font fous des
formes plus ou moins agréables, comme les arbres de Diane.

Mais qu'eft-ce qui peut enfuite faire
repomper les parties ainfi dépofées,
& les faire rentrer dans la maffe ? C'eft
fans doute l'action des forces vitales
augmentée. Les parties de la matière ne
criftallifent, ne fe dépofent, que lorfqu'elles ne peuvent plus être tenues

en diffolution. Suppofons donc que les forces vitales n'aient qu'un certain degré de chaleur, d'activité, tel qu'elles laiffent criftallifer la lymphe : fi cette activité eft augmentée, la lymphe fera rediffoutè, &, ne pouvant plus criftallifer, elle rentrera dans le torrent de la circulation.

Auffi eft-ce ce qui arrive fouvent. La fièvre eft une augmentation des forces vitales ; la circulation eft plus rapide, les liquides ont plus d'action & peuvent diffoudre la lymphe & la graiffe, qu'une circulation plus lente avoit laiffé dépofer. Ce que la fièvre opère, un exercice violent peut le faire ; auffi le voyons-nous journellement : la fièvre, l'exercice violent maigriffent ; le défaut de nourriture, ou l'ufage des mets trop aqueux maigriffent, parce que, les liquides ne fe trouvant pas affez chargés de parties lymphatiques, ont affez d'activité pour diffoudre cette lymphe dépofée ; d'ailleurs l'action des folides eft augmentée ; par leur contraction ils compriment cette lymphe dépofée, & la forcent de fe déplacer d'entre leurs mailles : elle eft donc obligée de rentrer dans les vaiffeaux. Chez ceux qui ont les nerfs

D v

très-tendus, comme les vaporeux, les gens à paffions vives, la même chofe a lieu.

Si au contraire les forces vitales diminuent encore, les liqueurs dépoferont une plus grande quantité des principes dont elles fe trouveront furchargées. Les forces vitales demeurant les mêmes, mais ces principes devenant plus abondans par une meilleure nourriture, le dépôt fera également plus confidérable. Une bonne nourriture, un exercice fort modéré, font engraiffer tous les animaux.

Dans la cure de l'hydropifie, de l'obftruction, l'action des folides augmentée force les parties épanchées ou accumulées à rentrer dans les vaiffeaux, fur-tout fi dans ce même moment on fait un vuide dans la maffe; ainfi un purgatif, en défempliffant les vaiffeaux, force la férofité épanchée dans l'œdème à rentrer : les diurétiques, les apéritifs opèrent de la même manière ; mais l'action des toniques vient de ce que le ton de la fibre eft augmenté.

Recherchons maintenant qu'eft-ce qui fournit la matière nutritive ; car la machine perdant fans ceffe par les différens émonctoires, a befoin d'une réparation journalière. Ce font les alimens qui fourniffent la plus grande partie de ces fucs réparateurs, comme nous le dirons ailleurs : je dis la plus grande partie, parce qu'il eft certain qu'ils ne la fourniffent pas toute. La furface des corps eft garnie de pores abforbans qui peuvent pomper & pompent effectivement beaucoup de vapeurs ; fi elles font nutritives, elles répareront ainfi que le peut faire le chyle ; on nourrit avec des bains de lait , lorfqu'il y a léfion à l'eftomac ; mais cela s'obferve encore mieux chez les traiteurs, cuifiniers & autres qui font dans une atmofphère remplie de matières nutritives : ils font tous gras , frais, bien portans , quoique mangeant peu.

Il ne fuffit pas que les parties nutritives foient abondantes , il faut encore une difpofition particulière pour les faire dépofer où elles doivent l'être ; c'eft fur-tout la bonne conftitution du fyftême nerveux : trop de roideur, trop de fpafme, comme chez les vaporeux, les gens à paffions vives ; trop peu de ton , comme chez ceux qui ont la fibre lâche , nuifent également

D vj

à l'embonpoint : auffi ne voyons-nous
perfonne fe porter mieux que les tempéramens fanguins qui ont la fibre mo-
dérément tendue , & font toujours
gais : c'eft la raifon pour laquelle les
gens qui n'ont point de paffions vives ,
point d'affaires , tels que la plupart
des cénobites , font fi gras & fe portent fi bien.

D E S O S.

L E S os font la charpente à laquelle
font attachées les autres parties : ils
donnent de la confiftance à la machine ; ils ne font cependant point de
néceffité abfolue à l'animal. Les infectes , les poiffons mollufques , tels
que les orties de mer, n'en ont point;
les coquillages ont feulement un toit
offeux ; mais tous les grands animaux,
les quadrupèdes, les oifeaux, les poiffons , les reptiles , ont des os: ceux des
poiffons ont moins de confiftance , &
font prefque toujours cartilagineux :
chez les oifeaux leur folidité eft plus
confidérable, mais ils font très-légers;
enfin, ceux des quadrupèdes font folides & pefans. Il y a une grande dif-

férence à cet égard entre les animaux, suivant le climat qu'ils habitent. Dans les pays chauds les os font beaucoup plus petits, à proportion, que dans les pays froids ; mais aussi ont-ils beaucoup plus de solidité. Cette différence provient de ce que dans les pays chauds tous les tempéramens sont de la nature des bilieux ; les forces vitales ont plus d'énergie que dans les pays froids.

Les os sont composés d'un tissu cellulaire, dans les lames duquel se déposent des parties calcaires & gélatineuses : en les tenant dans un acide affoibli, toute la matiere calcaire se dissout, & il ne reste qu'un tissu cellulaire & la partie gélatineuse. Dans le digesteur de Papin, on extrait cette partie gélatineuse. M. Duhamel a prouvé que la matiere calcaire se dépose couche par couche ; la lame interne du perioste s'ossifie, & se joint à la substance osseuse, ainsi que la partie de l'aubier qui touche le bois prend de la consistance & devient vrai bois, tandis que la lame intérieure de l'écorce devient aubier : c'est en nourrissant des animaux avec de la garence, qu'il s'est assuré de ces faits-là. Cette partie calcaire est unie à un peu d'acide microſcomique & beaucoup d'air fixe, peut-être un peu de natrum, ce qui ne l'empêche pas d'être ſoluble aux autres acides : c'eſt l'air fixe qui paroît lui donner de la ſolidité.

Les os prennent leur accroiſſement, ainſi que les autres parties, par l'impulſion des forces vitales qui les diſtendent ; peut-être les ſucs aqueux dont ils ſont ſans ceſſe abreuvés les gonflent-ils, comme l'eſt un morceau de bois plein d'eau : toutes ſes mailles s'étendent, & la lymphe pour lors y dépoſe des parties gélatineuſes.

On diſtingue deux eſpèces d'os, les os longs & les os plats. Dans les premiers, tels que le fémur & le tibia, on remarque trois parties, le milieu & les extrémités ; le milieu eſt beaucoup plus petit que les extrémités, ils ſont creux dans leur plus grande longueur ; cette cavité intérieure eſt recouverte d'un périoſte ; des filets oſſeux la traverſent pour ſoutenir le ſuc médullaire. Cette partie du milieu de l'os eſt très-ſolide, tandis que les extrémités ſont d'un tiſſu ſpongieux, & laiſſent beaucoup de mailles réticulaires pleines d'un ſuc médullaire.

DES CARTILAGES.

ILs ne diffèrent des os, qu'en ce que la partie déposée entre les lames de leur tiſſu cellulaire contient moins de parties calcaires, ce qui lui donne un peu de la ſoupleſſe des muſcles, & de la fermeté des os. La nature l'a ſouvent préféré aux os, à cauſe de ſa ſoupleſſe ; elle l'a employé dans les endroits où elle vouloit de la conſiſtance ſans roideur

DU PÉRIOSTE.

LE périoſte eſt une membrane qui enveloppe les os, excepté dans leurs faces articulaires : on en diſtingue de deux ſortes, l'interne qui revêt la ſurface intérieure des grandes cavités des os longs, & l'externe qui les revêt à l'extérieur. Cette membrane eſt forte, d'un tiſſu fort ſerré, diſpoſée couches par couches : ſa couche intérieure s'oſſifie, comme nous l'avons dit, & accroît ainſi les os.

Cette membrane eſt fournie de vaiſ-
feaux fanguins, lymphatiques & de nerfs,
dont la plus grande partie pénètre dans
les os. L'obſtruction de ces vaiſſeaux,
leur étranglement par le périoſte, donneront lieu à des exoſtofes & à des
caries, ſi les humeurs ainſi ſtagnantes
dégénèrent.

Le périoſte n'eſt qu'un tiſſu cellulaire très-ferré & très-denſe ; il a
peu de fenfibilité, parce que les nerfs
y font fort comprimés & en petite
quantité.

DES ARTICULATIONS.

On appelle articulations l'endroit par
où deux ou plufieurs os fe joignent
& s'uniſſent pour exercer différens
mouvemens ; c'eſt là où on obſerve
peut-être encore plus qu'ailleurs, l'art
& l'heureufe fimplicité que met la
nature dans ſes productions. Rien n'eſt
auſſi admirable que l'articulation du
coude : par la méchanique la plus
fimple, la main, le poignet peuvent
exécuter tous les mouvemens poſſibles.

Les anatomiſtes ont donné différens

noms aux manières dont jouent les os : là, c'eſt un genglyme, ici une harmonie, ailleurs une artrodie.

DES GLANDES

SYNOVIALES.

CE ſont des glandes que plaça la ſage nature dans les articulations, pour y verſer une liqueur onctueuſe qui les lubréfie & en facilite le mouvement : c'eſt ſur-tout dans les grandes articulations, où il y a un grand frottement, qu'elles ſont multipliées, comme dans celles du fémur, du genou, du bras, &c.

DU LIGAMENT.

LE ligament tient & de la nature du tiſſu cellulaire, & de celle du tendon : ce ſont différentes lames de tiſſu cellulaire très-ſerré, au point qu'il ne peut prêter. Dans ce tiſſu, il y a des vaiſſeaux ſanguins, lymphatiques, & des nerfs : les vaiſſeaux ſanguins & les nerfs y ſont en très-petite quantité ;

mais il y a beaucoup de vaiſſeaux lymphatiques.

La nature a doué les ligamens d'une
très-grande force, parce que ce ſont
eux qui tiennent unies toutes les pièces
offeuſes, & donnent la ſolidité à toute
la machine.

DE LA PEAU

ET DE SES GLANDES.

LA peau eſt l'enveloppe commune
de tout le corps; c'eſt ce qu'on appelle proprement tégumens. On y dis-
tingue différentes parties : la première
eſt l'épiderme ou ſurpeau ; elle eſt ſil-
lonnée, ridée, percée d'une infinité de
pores : examinée au microſcope, elle
paroît toute compoſée de petites écailles qui s'enlèvent facilement, & ſe
régénèrent très - promptement : ces
écailles ſont ſoutenues par un tiſſu cellulaire très-fin.

Au deſſous de l'épiderme ſe trouve
ce qu'on appelle corps réticulaire, ou
réſeau cutané de Malpighi, qui eſt
une membrane très-mince ; il eſt fait
en forme de réſeau, & ſoutient, dit-

on, les expanfions nerveufes. Aujour-
d'hui on ne regarde ce corps que comme
la lame interne de l'épiderme.

La peau fe trouve au-deffous de ces
deux membranes : c'eft un tiffu épais,
ferré, compofé d'un lacis de vaiffeaux
veineux, artériels, lymphatiques & nervins : on y veut admettre de plus un
tiffu de nature tendineufe ou ligamen-
teufe. M. Winflow l'a comparée au
feutre des chapeaux, & il a eu raifon.
La peau eft très-élaftique ; mais elle ne
fauroit fe contracter.

On diftingue différentes efpèces de
glandes à la peau : les unes qu'on trouve par-tout, font dites miliaires ; elles
font très-petites, & fervent à filtrer
l'humeur de l'infenfible tranfpiration :
il en eft de plus groffes, qui ne fe
trouvent que dans quelques endroits,
au nez, aux aines, aux aiffelles, aux
oreilles, &c. & qui filtrent une humeur fuifeufe.

La peau eft liée à toutes les parties
qu'elle recouvre, par un tiffu cellulaire,
ici très-ferré, comme aux paupières,
aux lèvres ; ailleurs très-lâche, comme
au dos : dans quelques endroits, ce tiffu
cellulaire eft plein de graiffe ; dans
d'autres, il n'en contient point.

La peau eſt d'un uſage infini ; elle couvre toutes les parties, les maintient en place, & les défend de l'impreſſion de l'air : elle eſt l'organe du toucher univerſel ; c'eſt par le moyen des nerfs qui viennent s'épanouir à ſa ſurface ſous forme de mamelons. Ici il y en a beaucoup, & la peau eſt très-ſenſible ; ailleurs il y en a moins ; c'eſt ſur-tout aux extrémités où ſe perdent les grands nerfs qu'il y en a le plus, aux mains, aux pieds, à la langue.

Ce ne ſont pas les ſeuls uſages de la peau ; il en eſt un autre pour le moins auſſi conſidérable : tous ces petits vaiſſeaux qui viennent s'y diſtribuer filtrent une humeur particulière, qui eſt la tranſpiration, ſoit l'inſenſible, ſoit la ſueur ; elle s'échappe au dehors par les pores dont nous avons parlé. C'eſt une véritable ſécrétion élaborée par les forces vitales ; elle eſt immenſe chez l'homme dont la peau eſt découverte de poils, & les pores très-ouverts.

Si les corps perdent par la tranſpiration, ils acquièrent auſſi par l'abſorption. Il ſe trouve de ces pores dont nous avons parlé, qui abſorbent continuellement ; on en a la preuve dans l'effet des cataplaſmes emolliens, des fomen-

...tions dans la contagion des maladies épidémiques, & dans les personnes qu'on nourrit avec des bains de lait. Il y a également une transpiration d'air , & il en est d'absorbé.

On a long-temps disputé sur la cause de la couleur noire des habitans des pays chauds. On a dit reconnoître que l'épiderme étoit blanc chez eux , & que la couleur noire résidoit dans un tissu muqueux interposé entre l'épiderme & la peau.

DES ONGLES.

Les ongles terminent les extrémités des doigts : à leur naissance , elles sont pourvues de la plus grande sensibilité , qui diminue à mesure que l'ongle s'a- longe , & enfin est nulle à son extré- mité : c'est ce qui a fait croire qu'el- les n'étoient que des expansions ner- veuses ; effectivement il y a une grande analogie des ongles aux papilles ner- veuses de la langue , sur-tout chez les grands animaux , le lion , le tigre , le bœuf , &c. : ce ne peut pas être la par- tie pulpeuse du nerf ; ce sera son enve- loppe , la dure-mère.

Les cornes des taureaux, des chèvres, les bois des élans, des cerfs, des daims, font de pareilles expanfions nerveufes. Nous ne répéterons pas les preuves qu'en a apportées M. le Comte de Buffon.

Ce que font les grands nerfs en s'épanouiffant, les nerfs cutanés l'opèrent à toute la furface du corps, & produifent l'épiderme. Les écailles de cette membrane reffemblent affez aux ongles par leur tiffu, leur brillant, leur nature, & leur manière de fe régénérer. Les verrues, les petites excroiffances femblables à la corne, qui pouffent quelquefois à l'épiderme, font auffi d'une nature approchante des ongles, & ne permettent pas de douter qu'elles ne foient toutes des expanfions nerveufes.

DES CHEVEUX

ET DES POILS.

LES cheveux & les poils rapprochent encore affez des ongles ; c'eft une fubftance dure, cornée, infenfible, excepté à leurs racines : dans le *plica-*

polonica, les cheveux deviennent dans toute leur longueur très-sensibles. Je crois donc qu'ils ont la même origine. Ils sont le produit de l'esprit animal & du séminal. Les eunuques n'ont point de barbe, point de poils sur tout le corps, excepté aux parties génitales : il paroît donc que c'est à l'esprit séminal qu'est due la barbe.

Par analogie, nous devons conclure que tous les poils reconnoissent pour cause cet esprit. Si les eunuques en ont encore aux parties sexuelles, c'est que, malgré la castration, l'esprit séminal, qui est constamment élaboré dans la masse, afflue toujours à ces parties & y produit ces poils ; mais il n'a point l'énergie qu'il acquiert dans les testicules, & ne peut produire des poils ailleurs. La même chose se passe chez les animaux hongrés : ceux qui ne le sont pas, comme les chevaux, les taureaux, les sangliers, &c. ont les poils beaucoup durs, plus longs, particuliérement au col, à cause du grand rapport qu'il y a entre cette partie & les génitales. C'est toujours ce même esprit séminal qui est cause que les animaux sont tout couverts de poils, tandis que l'homme en a si peu : celui-ci fait une déperdition immenfe de cet efprit, & eux en perdent fort peu ; il demeure tout dans leurs liqueurs : le finge qui, après l'homme, eft celui des animaux qui en évacue le plus, a déja fort peu de poils.

La même analogie me fait croire que les cheveux doivent leur origine, partie à l'efprit féminal, partie à l'efprit animal : car, ainfi que les parties fexuelles font toutes imbibées, fi je puis me fervir de cette expreffion, de femence, comme leur odeur l'annonce, de même les parties extérieures de la tête doivent contenir plus d'efprit animal que les autres ; & fon analogie avec le féminal, la formation des ongles, qu'on ne fauroit lui refufer, prouvent qu'ils concourent à la formation des cheveux. Peut-être les nègres les ont-ils durs, crépus & plus approchant des poils, parce que l'efprit féminal eft plus abondant chez les habitans du midi & a plus d'énergie.

En fuivant les grandes analogies, nous dirons également que les plumes des oifeaux font produites par les efprits animaux & le féminal. Le tuyau des plumes eft d'une nature cornée comme les ongles, & toute la plume rapproche

che beaucoup de cette nature ; elles doivent donc avoir la même origine. L'écaille des poiſſons, des ſcarabés, des mouches, des papillons, &c. n'en paroiſſent pas devoir avoir d'autres. Toutes ces parties ont plus d'éclat chez les mâles que chez les femelles, parce que l'eſprit ſéminal chez les premiers a plus d'activité : nous trouvons auſſi beaucoup de parties écailleuſes dans les parties de la fructification des végétaux, ſur-tout l'enveloppe des ſemences, qui ne ſont dues vraiſemblablement qu'à l'eſprit recteur & à l'eſprit ſéminal.

DES MUSCLES.

Les os ſont la charpente de la machine, les muſcles peuvent en être regardés comme les cordages qui lui font exécuter tous ſes mouvemens. Leur force eſt très-conſidérable, & beaucoup plus qu'on ne penſeroit. Borelli a fait à cet égard des calculs très-curieux, qu'on a taxés à faux d'être exagérés. Il a fait voir que tous les muſcles agiſſent le plus défavorablement qu'il ſe puiſſe, étant toujours attachés près le point d'appui. Par exemple, le biceps tibial eſt

E

attaché à l'humérus & à l'ómoplate par
ſa partie ſupérieure , & ſon tendon
s'attache au radius à une diſtance moindre d'un pouce de l'articulation du
coude : ſi on lève donc un poids à
bras tendu au bout des doigts, il faudra
calculer la longueur de ce levier, qui ſera
énviron treize à quatorze fois plus grande
que la diſtance de la puiſſance au point
d'appui. Chez un homme qui attire à
lui une bombe de cinq cents , le biceps
& le brachial , qui ſont les deux ſeuls
qui agiſſent , ſont donc un effort de
cinq à ſix milliers , en mettant ſeulement la diſtance dix à douze fois plus
conſidérable que celle de l'attache du
muſcle au point d'appui. Peſant enſuite tous les autres muſcles , il a trouvé
prodigieuſe la puiſſance des gros muſcles , tels que les feſſiers , le quadri-
ceps crural & le cœur. On a de la
peine à concevoir cette force ſi prodigieuſe.

La ſtructure des muſcles contribue
ſans doute à cette force qui paroît diſ-
proportionnée avec leur groſſeur. Prenez une fibre muſculaire , diviſez-la ;
vous la trouverez dans ſes dernières diviſions compoſée de vaiſſeaux ſanguins , ſoit artériels , ſoit veineux , de

vaiffeaux lymphatiques & de nerfs ;
tous ces vaiffeaux font unis par du tiffu
cellulaire. Prenez une de ces artères, fui-
vez-la, toute la fibre mufculaire paroît
artère ; fuivez une veine, elle paroîtra
conftituer toute la fibre mufculaire :
il en faut dire autant du vaiffeau lymphatique ; fuivez également le nerf ,
il s'épanouit, & tout paroît nerf.

Chaque petite fibrille mufculaire paroît donc avoir une artère , une ou
plufieurs veines, un ou plufieurs vaiffeaux lymphatiques , un ou plufieurs
nerfs. Tous ces différens vaiffeaux
font unis par du tiffu cellulaire, entre
les lames duquel eft dépofée une partie
gélatineufe , & paroiffent conftituer
uniquement la fibre mufculaire : elle
eft rouge par les vaiffeaux fanguins ,
nourrie par les lymphatiques , fenfible
& fufceptible de mouvement par les
nerfs, ce qui remplit toutes les qualités qu'a cette fibre ; enforte qu'il
ne paroît entrer rien autre dans
fa compofition. Son ton , fa contractilité , fon irritabilité viennent des
nerfs ; & c'eft par cette contractilité
qu'elle paroît toute pliffée lorfqu'on la
diffèque ou qu'elle eft cuite , parce
qu'elle eft revenue fur elle-même.

Comment se comportent tous ces différens vaisseaux les uns avec les autres ? Comment se contracte la fibre musculaire ? Nous donnerons ailleurs nos idées là-dessus. Tout ce que nous dirons pour le moment, c'est que les fibres s'unissant de plus en plus à leurs deux extrémités, perdent leur contractilité pour former le tendon. Tout tendon est donc composé de fibres musculaires extrêmement rapprochées au point de ne plus y admettre de vaisseaux sanguins, ce qui le rend blanc, & le prive de la contractilité qu'a la fibre musculaire ; car il ne sauroit s'étendre. L'aponévrose n'est qu'un tendon épanoui sous forme de membrane.

C'est par ces tendons que les muscles s'attachent à leurs deux extrémités, soit aux os, soit aux aponévroses ; mais il arrive souvent que plusieurs fibres musculaires s'échappent sans s'unir au tendon, pour former une aponévrose, comme le fait la plus grande partie des fibres du gros fessier qui forme le fascia-lata.

Indépendamment des aponévroses qui couvrent beaucoup de parties, chaque muscle est enveloppé de plusieurs duplicatures de tissu cellulaire,

ainfi que chaque fibre mufculaire l'eft
elle-même : c'eft ce qui forme les
fameufes gaînes des mufcles & des
tendons, qui uniffent de plus les mufcles les uns avec les autres.

DES VISCERES.

Les os donnent à la machine toute
la folidité néceffaire ; les mufcles lui
font exécuter les mouvemens divers
que nous lui voyons opérer journellement, mais elle fait des pertes continuelles qui doivent être réparées à
chaque inftant ; d'ailleurs les animaux
ne font pas faits pour être de purs
automates qui fe meuvent : il eft des
fonctions plus nobles en eux ; ce font
les facultés de l'ame, qui les élèvent
au deffus de l'état de fimples machines. Chaque animal a une ame rela-
tive à fa nature.

Toutes ces fonctions fe font par
le moyen des vifcères ; c'eft la partie
la plus belle & la plus délicate de l'é-
conomie animale : il en eft un fur-tout,
le cerveau, que la nature s'eft plu à
travailler, & dont elle a pris un foin
tout particulier ; elle l'a logé dans une

E iij

boîte offeufe extrêmement folide, à l'abri de tout événement fâcheux du dehors : fa prolongation , la moëlle épinière , a été placée avec le même art : plufieurs gardiens fidèles lui ont été donnés pour veiller à fa confer-vation ; j'appelle ainfi la vue , l'ouie & l'odorat , qui l'avertiffent de tout ce qui fe paffe autour de lui. C'eft dans la tête que paroît confifter l'animalité : le cerveau eft le principe de vie de cette belle machine.

DU CERVEAU

ET CERVELET.

Le cerveau de l'homme eft ce que la nature a produit de plus merveilleux ; il eft l'organe où fe peignent toutes les idées : c'eft dans le cerveau que les ouvrages immortels des Neutons, des Léibnitz , ont été créés. L'efprit confifte tout dans une bonne organi-fation : on a vu d'heureufes fractures du crâne donner de l'efprit à des per-fonnes qui n'en avoient point ; d'au-tres fois elles en privent des gens très-fpirituels. L'homme lui-même n'eft fi supérieur aux autres animaux de ce côté, que parce que son cerveau est plus volumineux & est mieux organisé. Chez l'homme de nature, il est moins exercé que chez celui de la société : aussi celui-ci a-t-il l'esprit plus pénétrant ; & le singe, qui est l'animal le plus intelligent après l'homme, a également le cerveau le plus gros.

Quel est donc cet organe si merveilleux ? Nous en connoissons la configuration extérieure ; mais nous n'avons pu pénétrer dans sa structure interne. C'est une texture trop délicate pour nos foibles sens.

Le cerveau est un viscère assez volumineux, séparé en deux lobes, qui viennent s'unir à un corps intermédiaire appelé le corps calleux : ce corps calleux s'étend, rencontre les deux péduncules du cervelet avec lesquels il se confond, & prend pour lors le nom de moëlle alongée.

Le cervelet est séparé du cerveau par une duplicature de la dure-mère, qu'on nomme la tente : il est également divisé en deux lobes, qui finissent par des corps oblongs appelés les péduncules du cervelet, & s'unissent, comme nous venons de le dire, au prolongement du corps calleux pour former la moëlle alongée : après quelque trajet, elle fort par le trou occipital, & gagne les vertèbres, qui lui donnent le nom de moëlle épinière. La nature a ainfi féparé le vifcère qui remplit le crâne en cerveau & cervelet, & un chacun en deux lobes dans lefquels elle a ménagé différens ventricules, pour prévenir l'affaiffement auquel auroit pu être fujette une maffe auffi confidérable, fi elle eût été d'une feule pièce : c'eft affez fa marche ; tous les vifcères font divifés en lobes & lobules. La circulation y eft plus facile, & peut moins être interrompue : malgré tant de précautions, une membrane très-fine, nommée la pie-mère, fuit encore toutes les anfractuofités de cette maffe pour la foutenir.

On diftingue deux différentes fubftances dans le cerveau ; l'une dite cendrée, à caufe de fa couleur, ou corticale, parce qu'elle eft extérieure ; & l'autre interne, appelée médullaire, de fa couleur blanche. Leur ufage eft encore fort obfcur : nous n'avons que des analogies pour nous aider à en deviner le mécanifme.

Il entre une très-grande quantité de fang au cerveau, qu'y apportent les carotides & les vertébrales. La nature a fait faire mille contours à ces artères, pour brifer le battement artériel : craignant toujours ce mouvement trop violent de l'artère, elle l'a encore dépouillée de fa tunique mufculeufe ; & ne lui a laiffé qu'un mouvement très-foible ; cependant il fubfifte toujours. Nous en aurons des preuves.

Parvenues dans le crâne, les artères fe divifent à l'infini, & pénètrent la fubftance cendrée : la fécrétion de l'efprit nerveux commence à s'y opérer en partie ; des tuyaux excréteurs le portent dans la fubftance médullaire, & paroiffent la toute compofer : il fe rend enfuite tout dans la moëlle alongée. C'eft-là où nous foupçonnons que la nature lui a ménagé un réfervoir commun, comme elle a fait pour toutes les autres fécrétions. Peut-être a-t-il quelque reffemblance avec celui qu'elle a préparé pour l'efprit féminal : ce font différentes véficules ayant des fphincters, qui ne laiffent couler la femence que lorfqu'elles font irritées. Le réfervoir de l'efprit nerveux fera vraifemblable-

E v

ment compofé de pareilles véficules
pleines de cet efprit, ayant des fphincters qui n'en permettront l'écoulement
que lorfqu'elles en feront follicitées par
irritation.

Je n'ai point de preuves directes de
ce que j'avance : je ne pourrois démontrer ce réfervoir, cet efprit nerveux ; mais les analogies les plus fortes
ne permettent pas d'en douter. Le
cerveau, cet organe fi confidérable,
confervé avec tant de foin dans une
boîte offeufe, auquel aboutiffent tant
de vaiffeaux, doit féparer quelque
liqueur comme tous les autres vifcères
du corps humain ; cette fécrétion doit
fe faire dans le corps même de ce
vifcère, & fe rendre par des tuyaux
propres à un centre commun : c'eft
ce que nous voyons dans les reins,
dont la fubftance corticale filtre l'urine :
des tuyaux excréteurs la portent dans
la fubftance rayonnée, d'où elle fe
rend dans le baffinet. Les tefticules
& tous les autres vifcères en font autant. Qui connoît les forces de l'analogie, ne peut fe refufer à celle-ci : or,
la moëlle alongée eft le lieu où fe
terminent le cerveau & le cervelet :
c'eft donc l'endroit où doit fe rendre

l'humeur sécrétoire qu'ils filtrent ; &
ce qui donne encore un nouveau poids
à tant d'analogies, c'est que de la
moëlle alongée partent tous les nerfs,
soit les dix paires du cerveau, soit
ceux qui viennent de la moëlle épinière.

Voilà ce que l'on peut assurer à peu
près en général du cerveau & du cervelet ; mais ce seroit témérité de vouloir rechercher l'usage de chaque partie
en particulier. A quoi servent la glande pituitaire, la pinéale, les nattés,
les testés ; la protubérance annulaire ?...
D'où vient que les différentes paires
de nerfs partent de différens endroits ?...
Tout cela passe nos lumières. Nous
savons, par l'observation qu'a donnée
M. de la Peyronie, que le cerveau
peut tomber en suppuration sans que
les fonctions de l'ame, ni les vitales,
soient intéressées ; mais elles souffrent
beaucoup dès qu'on touche le corps
calleux ; &, si la moëlle alongée étoit
lésée, elles souffriroient encore davantage ; peut-être seroient-elles totalement suspendues. Le cervelet peut également être intéressé sans accident; mais
je suis sûr que ses péduncules ne pourroient pas l'être davantage que le corps

E vj

calleux : la protubérance annulaire eſt peut - être pour défendre la moëlle alongée.

On avoit cru que le cervelet ſervoit aux mouvemens vitaux , & le cerveau aux volontaires : mais , dit M. de Haller , cet élégant ſyſtême n'eſt pas fondé ; il eſt d'expérience que le cervelet a ſupporté des bleſſures ſans qu'il en ait coûté la vie. La huitième paire , qui donne des rameaux au cœur & au poumon , en donne au larynx & à l'eſtomac. La cinquième paire , qui vient du cervelet , ne ſe diſtribue point aux organes de la vie.

Lorſque , par un accident quelconque , le crâne eſt enlevé , on apperçoit deux mouvemens différens dans le cerveau ; l'un , qui eſt aſſez fort , correſpond à la reſpiration : il eſt produit , comme nous le dirons ailleurs , par la pléthore des veines , qui ne peuvent entièrement ſe dégorger que dans l'expiration ; l'autre eſt l'effet du battement de l'artère , qui , quelque affoibli qu'il doive être , par les précautions qu'a priſes la nature , ſe fait toujours reſſentir.

DES MENINGES.

CE font des enveloppes que donna la fage nature au cerveau & au cervelet, pour en foutenir la maffe & en prévenir l'affaiffement ; elles font doubles, la dure & la pie-mère. La dure mère eft une membrane ayant beaucoup de confiftance, qui tapiffe tout l'intérieur du crâne auquel elle eft très-adhérente ; elle fait différens replis, dont les plus confidérables font la faux & la tente. La faux s'étend entre les deux lobes du cerveau, & les maintient en place : la tente fépare le cervelet du cerveau, & empêche que celui-ci ne comprime le premier. La nature a profité de ces duplicatures, pour y placer les groffes veines qui portent ici le nom de finus, & reprennent tout le fang de ces parties ; elle a pris cette précaution, afin que jamais ces veines ne puiffent fouffrir de compreffion. La pie-mère eft un tiffu cellulaire extrêmement délié, qui fuit toutes les anfranctuofités du cerveau, les enveloppe & les foutient. Ce tiffu, tout fin qu'il eft, a cependant deux lames, dont l'une s'appelle arachnoïde, & l'autre retient celui de pie-mère. La dure & la pie-mère accompagnent toutes les expansions du cerveau & cervelet, c'est-à-dire, les nerfs, jusqu'à leurs dernières ramifications.

La dure-mère ne paroît, comme les autres membranes, qu'un tissu cellulaire épais, & dont le tissu est très-ferme. Lorsque le crâne est enlevé, on lui apperçoit un mouvement d'élévation & d'abaissement, ce qui a fait croire à quelques physiciens qu'il lui étoit propre; mais ce mouvement ne peut nullement lui appartenir, puisqu'elle est attachée par-tout exactement à la boîte osseuse à qui elle sert de périoste : il est particulier au cerveau.

DES NERFS.

Les nerfs sont une portion de la substance médullaire du cerveau, enveloppée des meninges qui les accompagnent par-tout. Cette substance est fibreuse, & composée de filets parallèles entre eux : ces filets sont les principes des nerfs : on s'en assure faci-

lement en en fuivant quelques-uns jufques dans le cerveau, comme la quatrième, cinquième & feptième paires :
on les voit naître de ces filets, qui
fe croifent en fortant du cerveau ; ceux
du côté gauche donnent les nerfs du
côté droit, & réciproquement les nerfs
du côté gauche viennent du lobe droit
du cerveau.

Tous les nerfs fortent, ou de la bafe
du crâne, ou de la moëlle épinière :
les premiers fe diftribuent à la tête &
fourniffent les fens ; ceux de la moëlle
épinière fe rendent plus particulièrement aux extrémités & à tous les
mufcles du tronc : ces derniers fe réuniffent fouvent & s'entrelacent, comme
les nerfs brachiaux, le crural & le
fciatique ; mais il en eft un, qu'on met
ordinairement au nombre des cérébraux,
qui mérite une attention particulière ;
c'eft le grand intercoftal. Partant de
la bafe du crâne, il defcend tout le
long de la colonne épinière, fournit
des rameaux à chaque paire vertébrale,
en envoie à la poitrine, forme tous les
gros plexus de l'abdomen, & va fe
perdre dans les parties fexuelles : il
établit ainfi entre tous les nerfs une
communication qui a la plus grande

influence dans l'économie animale. A
l'endroit où il donne des rameaux à
quelque autre nerf, il forme un petit
corps oblong toujours nerveux, qu'on
appelle ganglion ; on en ignore l'u-
ſage : on ſoupçonne que l'eſprit nerveux peut s'y repoſer, & y recevoir
peut-être quelques liqueurs pour réparer les pertes qu'il a pu faire dans ſon
trajet.

Arrivés dans une partie, par exemple dans un muſcle, les nerfs s'y di-
viſent à l'infini, enſorte qu'on diroit
que la fibre muſculaire eſt toute ner-
veuſe : chaque fibre, même les plus
petites, reçoivent un nerf.

Les nerfs ſe diſtribuent dans toutes
les autres parties du corps comme dans
les muſcles, mais en plus grande quantité dans les unes que dans les autres :
dans certains viſcères, tels que le foie,
le poumon, le cœur même, il y a
peu de nerfs ; mais il en eſt d'autres
qui en ſont toutes tiſſues, telles que
les glandes, les parties nobles, &c.

Les principes de la vie, du ſentiment & du mouvement, ſont dans
les nerfs ; le nerf d'une partie étant
lié, tout ce qui eſt au-deſſous de la
ligature eſt comme mort & privé de

fensibilité : au contraire , les parties
fituées au deffus de la ligature confer-
vent & le fentiment & le mouvement.
La fenfibilité fera toujours proportionnée à la quantité de nerfs ; plus les
parties feront nerveufes , plus elles feront fenfibles ; mais il faut que le nerf
foit bien à découvert , & que rien
n'émouffe fa fenfibilité : s'il eft enveloppé de parties étrangères qui arrêtent
l'impreffion qui devoit paffer jufqu'à
lui , il ne fera pas furprenant qu'il ne
la fente point : c'eft ce que nous voyons
dans les os ; ils ont fort peu de fenfibilité , parce qu'ils font encroûtés par
des parties terreufes ; mais fi l'os fe ra-
mollit , le nerf fera mis à découvert &
jouira de toute fa fenfibilité. Dans le
fpina-ventofa , les douleurs font atro-
ces. Chez la veuve Supiot , lorfque la
partie calcaire des os, en partie diffoute,
laiffa les nerfs libres , ils furent de la
derniere fenfibilité. Dans le *plica-po-
lonica* , les cheveux ramollis font très-
fenfibles.

Jufques ici les anatomiftes ont effayé
en vain de démontrer d'où naît la fenfibilité des nerfs , & comment ils peuvent porter la vie & le fentiment aux
parties dans lefquelles ils fe diftribuent.

On a voulu regarder le nerf comme une corde tendue qu'on fait vibrer en la pinçant ; cette idée ne peut se soutenir, aussi a-t-elle été abandonnée. Voici ce qu'on a dit de plus raisonnable.

Le cerveau est un viscère fait comme les autres pour filtrer une humeur sécrétoire ; les nerfs partant de ce viscère paroissent devoir être les vaisseaux destinés à la circulation de ce fluide : ils sont en même temps les organes du mouvement & du sentiment ; ce ne peut donc être que par le moyen de ce fluide. Mais il est difficile d'en deviner le mécanisme : on a tâché d'expliquer comment un nerf peut mouvoir un muscle, par la comparaison d'une machine de physique très-connue ; ce sont des vessies mises à la suite les unes des autres, ne se communiquant que par de petites ouvertures : en soufflant dans la première, on les gonfle toutes, leur longueur se trouve diminuée, &, s'il y a des poids attachés à la dernière, on les lève avec une facilité étonnante. On est surpris de quels efforts sont capables des vessies qui paroissent si foibles, & combien il faut peu de force ; celle avec laquelle on souffle est au poids soulevé , comme l'ouverture par laquelle on souffle est à la surface totale des vessies ; mais les vitesses seront en raison inverse : c'est un principe de statique.

Supposant ensuite le nerf construit comme cette machine , on rend facile-ment raison des grands effets qu'il peut produire. Il faudra une très-petite force dans l'esprit moteur qui en gonflera les vésicules , si elles y sont beaucoup mul-tipliées , & que l'ouverture par où coule l'esprit soit très-petite ; mais sa vitesse devra être prodigieuse pour exécuter des mouvemens aussi prestes que ceux des animaux. Or , nous savons que le nerf doit être à peu près construit sur ce modèle. Les artères ont beaucoup de valvules ; les veines en ont encore davantage , parce qu'elles leur sont plus nécessaires ; par la même raison , elles sont encore plus multipliées dans les vaisseaux lymphatiques. Enfin, nulle part il n'y en a autant que dans les nerfs.

Un petit nerf produira donc un très-grand effet , si l'ouverture par laquelle entre l'esprit animal est très-petite , re-lativement à la surface de toutes ces petites vésicules. Il paroîtra difficile qu'un nerf, dont le tissu est si délicat , puiffe. fupporter un tel effort : cependant on en concevra la poffibilité, fi on fait attention que cet effort eft partagé entre chacune de ces petites véficules, comme dans la machine que nous avons rapportée en exemple.

Mais il n'eft point auffi facile de concevoir comment les nerfs font paffer jufqu'au principe, fentant les impreffions qu'ils reçoivent : on place ce principe fentant au centre du réfervoir commun des efprits animaux, qui prend pour lors le nom de *fenforium*; & tout ce qui produira dans le *fenforium* quelque mouvement affez fort pour ébranler ce principe de la fenfibilité, excitera en lui un fentiment. Si ce mouvement ne fe fait pas reffentir jufqu'à lui, il ne fera point affecté. L'ame ne fentira donc qu'autant qu'elle éprouvera une impreffion par les mouvemens qui fe pafferont dans le *fenforium*. Nos connoiffances ne vont pas plus loin.

De l'organifation du *fenforium* dépendra la correfpondance des mouvemens de la machine & des fentimens du principe de la fenfibilité. Il eft compofé, avons-nous dit, de petites véficules où fe rend tout l'efprit nerveux : les fibres de ces véficules font nerveu-

fes, très - fenfibles & très - irritables ;
elles fe comuniquent toutes entr'elles,
& l'impreffion qu'a reçue l'une, peut facilement s'étendre à une ou plufieurs
autres. Les véficules fe communiquent
également; l'efprit contenu dans l'une
peut paffer dans les autres; mais elles
ont des fphincters, ainfi que les véficules féminaires, qui empêcheront ce
fluide de s'échapper, à moins qu'ils ne
foient follicités par une caufe quelconque : l'efprit nerveux ne pourra
donc couler que lorfqu'un agent affez
puiffant furmontera la réfiftance qu'op-
pofent ces fphincters : cependant il faut
qu'il en coule continuellement une certaine quantité dans toutes les parties,
pour y entretenir la vie. Tous les mouvemens de la machine ne s'opèrent que
par ce fluide. Quelles feront donc les
caufes qui lui feront furmonter la force
des fphincters ?

L'élévation & abaiffement fuccef-
fifs du cerveau, correfpondant à la refpiration dont nous avons parlé, peuvent y contribuer. Dans l'abaiffement,
le *fenforium* fe trouve un peu comprimé. Il fe peut que cette compreffion
foit affez forte pour produire un envoi
continuel d'efprits dans toute la machi-

ne ; mais il faut rechercher ailleurs une cause plus puissante & générale qui puisse produire route la variété des mouvemens que nous appercevons dans les corps animés.

Lorsqu'un objet extérieur vient frapper nos sens, un son, par exemple, affecter notre oreille, le nerf doit être ébranlé : il communique le mouvement qu'il a reçu jusqu'au *sensorium*, qui est lui-même affecté, & fait passer au principe sentant cette impression. Si cette sensation est très-forte, elle produira un de ces mouvemens que nous appellons involontaires, auquel l'ame n'a aucune participation : ce ne pourra être que parce qu'elle aura forcé le sphincter de de la vésicule nerveuse du *sensorium*. Or nous ne concevons que ce sphincter le puisse être que par une compression exercée sur la vésicule, ou une vibration produite dans ses fibres. Ce que nous venons de voir dans la sensation très-vive, se passe de même dans toutes les autres : il ne doit y avoir de différence qu'en ce que le mouvement communiqué au sensorium sera moins violent dans ce dernier cas, & ne forcera point les sphincters des vésicules. Mais comment tout ceci s'opère-t-il ? C'est ce que nous ignorons. Nous avons vu que le nerf ne peut être regardé comme une corde tendue ; par exemple, depuis l'extrémité du pied jufqu'au fenforium, & qu'on ne fauroit attribuer fon mouvement qu'au fluide nerveux. Il faudra donc dire que la fenfation extérieure caufe un mouvement à ce fluide, le fait refluer au fenforium où il va porter l'impreffion qu'il a reçue ; vouloir aller plus loin, c'eft fe perdre dans les profondeurs de la nature. Il nous fuffit de favoir que toute impreffion que recevra un nerf, fera communiquée jufqu'au *fenforium* dont les véficules feront plus ou moins agitées.

Pour expliquer comment s'opèrent les mouvemens des corps animés, contentons-nous donc de pouvoir affigner la caufe qui fera impreffion fur les nerfs. Nous ferons voir ailleurs que tous les mouvemens vitaux, ceux du cœur, de la refpiration, de l'eftomac, des inteftins, font produits par l'irritation qu'éprouvent les nerfs de ces parties. Le cœur eft irrité par le fang qui arrive fans ceffe à fes oreillettes & à fes ventricules ; les alimens agacent également les nerfs de l'eftomac ; mais les mouvemens volontaires reconnoiffent une autre caufe ; les fenfations trop vives en produifent de prompts & fubits, qu'on a appellé involontaires : les premiers ont la même origine, mais ils font l'effet de fenfation moins vives. Toute fenfation excite un mouvement dans le *fenforium*, dont l'effet eft de faire couler l'efprit.animal ; mais en même temps elle rappelle les fenfations antérieures gravées dans la mémoire qu'on appelle idées, également capables de mouvoir l'efprit ; & de leurs mouvemens refpectifs combinés, il en naît un qui mouvera ou ne mouvera pas la partie. Pour bien entendre ceci, il faut fe reffouvenir que toutes les fibres du *fenforium* fe communiquent ; enforte, que deux ou plufieurs peuvent être ébranlées en même temps : & il arrivera que fi deux de ces fibres l'ont été fouvent enfemble, dès que l'un le fera, l'autre s'en reffentira auffi-tôt. La fibre affectée par la figure triangle, & celle affectée par le mot triangle, ayant été fouvent mifes en mouvement, la vue du triangle rapellera le mot triangle : c'eft en quoi confifte la mémoire, qui fera en raifon de l'élafticité de la fibre : en conféquence, une fenfation en rapellera un plus ou moins grand nombre d'autres,

qui,

qui, comparées, combinées par la réflexion, détermineront la volonté à
agir ou ne pas agir.

Mais l'effet n'est-il pas infiniment fu-
périeur à la caufe ? Quel rapport de
l'impreffion que peut faire par la vue un
objet quelconque, avec les mouvemens
très-confidérables qui en font la fuite ?
La vue d'une bombe de cinq cents peut-
elle envoyer avec affez de force les
efprits pour que les mufcles du bras la
lèvent ? D'abord le fait eft ; mais nous en
trouverons la raifon dans la conftruc-
tion du nerf, dans les véficules dont il
eft compofé : il faut une très-petite
force dans le mouvement de l'efprit
nerveux pour produire un très-grand
effet. Les veffies ajuftées, comme nous
l'avons dit, produifent des effets immenfes, fans qu'il faille employer beaucoup de force pour y faire paffer l'air ;
& ici vraifemblablement les véficules
font beaucoup plus multipliées, ce qui
diminuera encore l'effort ; mais il faudra une viteffe prodigieufe à cet efprit
moteur.

Il fe préfente une difficulté, qui eft
de favoir comment, un nerf fe diftri-
buant à plufieurs mufcles, un feul peut
fe contracter fans les autres. Je foupçon-

/F

nerois que chaque petit filet nerveux eft
diftinct dans le gros nerf ; enforte qu'il
peut couler de l'efprit animal dans l'un
fans en couler dans les autres. Tous les
nerfs vertébraux font très-diftincts dans
la moëlle épinière : chaque gros nerf
doit donc être regardé comme un faif-
ceau de plufieurs petits filets nerveux
recouverts d'une enveloppe commune,
& dont l'un peut fe mouvoir fans les
autres.

C'eft une des fuites de la prévoyance
de la fage nature : elle n'a prefque point
fait de nerfs feuls & ifolés ; chaque nerf
eft compofé de plufieurs filets venant de
différens endroits ; enforte que , fi l'un
de ces filets fouffroit , les autres étant
fains , entretiendroient toujours la vie
dans la partie. Dans les mêmes vues ,
elle a pratiqué chez tous les vaiffeaux
fanguins de fréquentes anaftomofes pour
prévenir les étranglemens. Si un vaiffeau eft comprimé , que la circulation
y foit retardée , les autres y fuppléent.
Un autre avantage qui en refulte , c'eft
qu'elle a établi par ce moyen une communication intime entre toutes les différentes parties du fyftême nerveux : ce
font principalement les deux fympathiques qui , en donnant des filets à tous

les autres nerfs, font un seul & unique
fyftême de tant de nerfs féparés.

Tous les nerfs ne fe terminent pas de
la même manière : ceux des mufcles,
des os, des vifcères, des glandes, fe
divifent à l'infini, & pénètrent chaque
petite fibrille avec laquelle ils fe confondent, comme nous l'avons dit ; mais
il en eft d'autres qui s'épanouiffent fous
forme d'expanfions nerveufes : ce font
les nerfs des fens : les nerfs optiques forment ainfi la rétine ; l'olfactif, la membrane pituitaire ; l'acouftique, la lame
interne du limaçon ; les nerfs de la
bouche, les papilles nerveufes de la
la langue. L'eftomac & les inteftins
font tous garnis à l'intérieur d'une membrane veloutée, qui eft toute nerveufe.
Aux doigts, aux lèvres, aux mamelons,
&c. on retrouve ces papilles nerveufes.
Ceci fembleroit donc établir deux ordres de nerfs, dont les uns feroient
deftinés plus fpécialement aux mouvemens des parties, & les autres auroient une fenfibilité plus exquife. Les
premiers font d'un tiffu ferme, ferré, &
paroiffent venir en plus grande partie
des paires vertébrales : les feconds font
plus mous, plus pulpeux, & fortent de la
bafe du crâne : tels font le nerf optique,

F ij

l'olfactif, la portion molle de l'auditif, &c.; enfin le grand intercoſtal qui four-nira la membrane veloutée de l'eſtomac & des inteſtins, & donnera la ſenſibilité exquiſe qu'ont la plupart des viſcères contenus dans le bas-ventre, comme l'eſtomac, les inteſtins, le méſentère, les parties génitales, le diaphragme lui-même. C'eſt encore le même nerf qui formera les papilles de la peau, & lui donnera cette extrême ſenſibilité; car, ſi on chatouille la paume de la main, la plante des pieds, &c. l'impreſſion s'en porte auſſitôt aux gros plexus du bas-ventre: ſans doute ce ſera par les ra-meaux que ce grand nerf fournit aux paires vertébrales.

Nous trouverons la raiſon de la plus grande ſenſibilité de ces nerfs, dans la manière dont ils ſe comportent. Un nerf ne jouit vraiment de toute ſa ſenſibilité que quand il eſt à nu, & que nulle partie étrangère ne peut diminuer l'im-preſſion qu'il reçoit. Ceux qui ſe per-dent & ſe confondent dans la fibre muſ-culaire en ſont recouverts: l'impreſſion ſera donc diminuée avant qu'elle par-vienne juſqu'à eux. Les nerfs des os ont encore moins de ſenſibilité, par la même

raifon ; mais dans ceux qui s'épanouiffent en membranes, rien ne peut ôter
de la force au corps qui vient les affecter, ils en reçoivent l'impreffion toute
entière ; c'eft pourquoi toutes les parties
où fe font de pareilles expanfions, font
fi fenfibles : tels font les fens : telles font
les parties que fournit l'intercoftal. Dans
cette caufe toute fimple, nous allons
trouver la raifon de la fenfibilité exquife
des plexus de l'abdomen, fans vouloir
y tranfporter le fiège du fentiment : fi
on pouvoit lier le grand intercoftal, on
la verroit auffitôt difparoître : elle eft
donc due à fes expanfions. Ses filets font
prefque à nu, & ne font nullement
comprimés dans le tiffu lâche de toutes
fes parties.

Les nerfs vertébraux feront donc plus
propres à mouvoir les parties, & ceux
de la bafe du crâne feront fufceptibles
d'une plus grande fenfibilité : nous ne
pouvons pas dire qu'ils foient d'une
autre nature, mais ils fe terminent différemment. Ce fera encore la caufe
pourquoi, dans la paralyfie, la partie
perd fouvent plus du côté du mouvement que du côté de la fenfibilité. Le
nerf moteur eft plus comprimé dans le
tiffu du mufcle, que celui qui s'épa-

nouit : le *mouvement de l'esprit ner-*
veux doit donc y être plus embarrassé.

DE L'IRRITABILITÉ,

CONTRACTILITÉ ET SENSIBILITÉ.

LA fibre simple dont nous avons parlé
n'a d'autre propriété que son élasticité
dépendante de la force de cohésion de
ses parties : c'est ce qui en constitue le
ton ; mais la fibre composée a beaucoup
de qualités différentes. Les vaisseaux
sanguins lui donnent de la chaleur : les
lymphatiques la nourrissent, & y ajoutent chaque jour de la masse, par le dépôt de nouvelles parties ; & les nerfs lui
donnent la vie & la constituent vraiment animale, en lui donnant l'irritabilité, la contractilité & la sensibilité.

La fibre simple, distendue, revient
sur elle-même par son élasticité ; mais
la fibre animée n'a pas besoin d'être
tiraillée pour se contracter. Le simple
attouchement l'irrite, l'agace ; elle se
fronce, se meut, & fait passer jusqu'au
principe sentant cette impression. La
contractilité, l'irritabilité & la sensibilité sont donc des phénomènes de la

vitalité : car il ne faut pas appeler contractilité cette faculté que des matières animales, telles que les cuirs, les
poils, la foie, &c. ont de se crisper par
le feu ou des acides corrodans : cette
crispation est produite comme le desséchement de l'argile, qui se gase par
l'évaporation des parties aqueuses. Mais
la contractilité chez l'animal vivant
est toute différente : piquez un muscle,
il se contracte : le cœur sur-tout pos-
sède cette qualité à un degré surpre-
nant : celui de la tortue, plusieurs heures après avoir été séparé du corps, se
meut encore avec force. Le mouvement
cesse-t-il ? échauffez-le, injectez-y de
l'eau tiède, irritez-le, son battement
va recommencer. La patte de l'araignée
faucheur, la queue du léfard, &c. présentent journellement le même phénomène.

Cette irritabilité de la fibre dépend
entièrement des nerfs ; eux seuls peuvent lui donner du mouvement. La partie qui a la plus grande irritabilité, la
perdra aussi-tôt que ses nerfs seront
léfés. Lorsqu'on lie le nerf diaphrag-
matique, on ôte toute irritabilité à ce
muscle. Si quelques parties conservent
de cette irritabilité, quoique leurs nerfs

F iv

foient coupés, comme le cœur, c'eſt
ſans doute parce qu'il reſte encore une
petite quantité d'eſprit nerveux dans ſes
nerfs : les extrémités , s'en affaiſſent &
empêchent la diſſipation de cet eſprit;
enſorte que, juſqu'au moment où il ſera
diſſipé ou coagulé , il pourra produire
quelque mouvement : je dis coagulé ,
parce que , dans les exemples rapportés
du cœur de la grenouille , on réveille
ſes battemens , lorſqu'ils commencent
à diminuer , en l'échauffant.

L'irritabilité étant produite par les
nerfs , ſera d'autant plus grande , que
ceux-ci ſeront plus ſenſibles , plus à découvert , & en plus grande quantité
dans la partie ; la ténuité , la mobilité de la fibre augmentera également
cette irritabilité. Le cœur , ſi irritable ,
a fort peu de nerfs ; mais ſa fibre eſt
la plus fine & la plus déliée qu'il y
ait dans tous les muſcles : elle pourra
donc être ébranlée avec la plus grande
facilité ; une très-petite quantité d'eſprit moteur ſera ſuffiſante. L'irritabilité
de la fibre ſera donc en raiſon de la
quantité de ſes nerfs & de leur ſenſibilité , de l'abondance & ſubtilité de
l'eſprit nerveux , & de la ténuité de
cette même fibre.

La fenfibilité ne doit point être confondue avec l'irritabilité ; ce font des qualités bien différentes. Ce terme de fenfibilité a deux acceptions : dans l'une elle fignifie cette faculté qu'a la fibre de tranfmettre jufqu'au fenforium les impreffions qu'elle reçoit : nous en avons parlé fort au long. La fenfibilité de la fibre dans l'autre fens , ne diffère pas de fa mobilité : une fibre très-fenfible eft une fibre très-mobile.

L'irritabilité , la contractilité , la fenfibilité , font trois qualités de la fibre bien diftinctes. Tous les mufcles fe contractent avec la même force , lorfque l'efprit moteur coule dans leurs nerfs , & tous ne font pas irritables au même degré. Le cœur fi irritable n'a pas une fenfibilité bien grande , & les expanfions nerveufes fi fenfibles font peu contractiles.

Toutes les parties des corps animés font-elles irritables ? font-elles contrac-tiles ? font-elles fenfibles ? Depuis quelque temps on s'occupe beaucoup de ces idées : on a fait un grand nombre d'expériences , dont nous rapporterons les principaux réfultats. Nous obfer-verons qu'on a trouvé beaucoup de parties infenfibles & fans irritabilité ,

faute d'attention. Tout nerf eſt irritable
& ſenſible, & toutes les parties ont des
nerfs : le ſeul tiſſu cellulaire paroît peut-
être faire exception ; auſſi eſt-ce la cauſe
de l'erreur de ceux qui ont prétendu
trouver des parties ſans ſenſibilité ;
elles étoient enveloppées d'un tiſſu cellulaire ou graiſſeux.

Le tiſſu cellulaire proprement dit,
celui ſur-tout qui contient la graiſſe,
ne paroît pas avoir d'irritabilité, parce
qu'il eſt dépourvu de nerfs ; il n'en
donne aucun ſigne lorſqu'on le tiraille :
cependant je ne ſçais ſi on pourroit
lui refuſer de la contractilité juſqu'à
un certain point. La graiſſe dépoſée
dans l'épiploon eſt réſorbée lorſque la
nature en a beſoin. Comment pourroit-
elle l'être autrement que par l'action
tonique des petits vaiſſeaux qui la contiennent ?

La contractilité & l'irritabilité des
muſcles ſont peut-être celles de toutes
les parties du corps qui ſont le mieux
établies ; les animaux ne ſe tranſpor-
tent d'un lieu à un autre, que par la
contractilité de leurs muſcles : cependant toutes les parties du muſcle ne
ſont point également contractiles ; les
tendons, les aponévroſes le ſont peu ;

leurs fibres sont trop rapprochées ; les nerfs y sont comprimés , & leur action est en partie suspendue. Mais nul muscle n'est aussi irritable, n'est aussi contractile que le cœur ; il se meut sans interruption : ce mouvement continuel en rend les fibres très-mobiles ; leur ténuité augmente cette mobilité : aussi, quoique se mouvant sans cesse, ses nerfs sont très-petits, & sa sensibilité n'est pas considérable ; mais nulle fibre musculaire n'est aussi déliée, n'est aussi fine, ajoutons, n'est aussi forte.

Les artères sont également très-contractiles : irritées, distendues par le sang que leur envoie le cœur, elles reviennent avec force sur elles-mêmes, pour se débarrasser de ce qui les agace. Leur contractilité est une suite de celle des muscles, car elles ont une tunique musculo-tendineuse.

La contraction des gros vaisseaux veineux n'est pas aussi marquée que celle des artères ; mais on ne sauroit la révoquer en doute. M. de Haller a vu les veines caves supérieure & inférieure se contracter dans le temps de l'expiration ; & d'ailleurs ces gros troncs ont une enveloppe musculeuse. L'analogie porte à croire que les pe-

- F vj

tites veines ont un pareil mouvement
contractile.

Les vaiſſeaux lymphatiques, les lactés, le canal thoracique, ſe contractent
auſſi : on les a apperçus revenir ſur eux-
mêmes, & ſe vider du lait & de la
lymphe qu'ils contiennent : ces vaiſ-
feaux ont également dans leur enveloppe des fibres muſculaires.

Toutes les parties fournies de muſcles ont donc un mouvement de contraction & d'irritabilité ; mais les autres, telles que les viſcères, en ont-
elles de ſemblables ? Elles ont beaucoup
de nerfs, plus ou moins de ſenſibilité ;
ainſi il paroîtroit qu'elles devroient ſe
contracter dès qu'elles ſeront irritées.

Une vapeur acide excitera dans
le poumon de violens mouvemens
convulſifs : s'il entre dans la trachée-
artère un corps étranger, les mêmes
quintes de toux vont reparoître pour
l'expulſer ; elles ne peuvent être produites que par l'irritabilité & contraction de ce viſcère.

A la ſuite d'un violent chagrin, on
devient jaune en vingt-quatre heures :
cet ictère eſt une ſuite de la criſpation des nerfs qui étranglent tous les
petits vaiſſeaux biliaires. Le poiſon de

la vipère, qui se porte sur le foie & le crispe, donne la jauniffe : donc le foie est susceptible d'irritation & de crispation. On en doit dire autant de la rate, quoique ce ne soit peut-être pas d'une manière aussi sensible.

L'estomac, les intestins, le mésentère, ont un mouvement péristaltique continuel : dans les coliques, les intestins rentrent les uns dans les autres ; ils sont sensibles aux plus légères impressions de plaisir ou de chagrin ; ces viscères ont d'ailleurs une tunique musculeuse : on ne peut donc douter de leur irritabilité & de leur contractilité.

Les parties destinées à la reproduction font très-irritables, & se contractent avec beaucoup de force.

Les glandes éprouvent la même irritation. Si on a envie de manger quelque chose, l'esprit animal est envoyé aux glandes salivaires ; elles font contractées, & la salive coule en abondance.

Le cerveau lui-même n'est pas exempt de cette irritabilité. Dans les grands chagrins, on a vu mourir subitement. On ne peut attribuer un pareil événement qu'au spasme universel des nerfs & du cerveau. En effet, il seroit singulier que cet organe, le principe des nerfs, qui en a beaucoup lui-même, fût le seul dans l'économie animale privé de cette qualité.

Toutes les parties du corps humain font donc irritables & contractiles, pourvu que leurs nerfs ne foient point léfés. Un grand phyficien a touché avec des acides concentrés, chez des animaux vivans, différentes parties qui n'ont donné aucun figne d'irritabilité, de contractilité, ni de fenfibilité : c'eft qu'elles étoient, comme on a fort bien obfervé, enveloppées d'un tiffu graiffeux, qui empêchoit l'acide de pénétrer jufqu'aux nerfs. Il paroît donc qu'il n'y a que ce feul tiffu cellulaire dont on puiffe douter de la contractilité ; encore la plèvre, le péritoine, l'épiploon s'enflamment, & il n'y a point d'inflammation fans crifpation. On a vu des plèvres, des péritoines avoir acquis beaucoup d'épaiffeur : il s'eft donc fait une congeftion : les vaiffeaux avoient été étranglés. La graiffe elle-même, dans les maladies, eft réforbée, ce qui indique une action dans fes vaiffeaux, & force d'admettre de l'irritabilité & de la contractilité dans les tiffus cellulaires eux-mêmes.

Je vais plus loin. Je crois qu'il y a peu de parties dans le corps qui ne fe contractent continuellement. Sans ceffe irritées par une caufe ou par une autre, elles font dans un mouvement continuel de dilatation & de condenfation. Le cerveau & cervelet ont un double mouvement; un qui correfpond à celui de la refpiration, & l'autre au battement artériel. Le thorax eft fans ceffe élevé & abaiffé, & le poumon dilaté & affaiffé. Le cœur eft le vifcère qui fe contracte avec le plus de force & de viteffe. Les artères, les veines, les vaiffeaux lymphatiques & les lactés, ont également leur fiftole & diaftole. Le diaphragme, l'eftomac & les inteftins, font agités d'un perpétuel mouvement périftaltique. Le foie, la rate, les reins, les organes de la génération, ont des mouvemens moins fenfibles, mais qui n'en exiftent pas moins. La rate fe gonfle de fang quand l'eftomac eft vide; &, lorfque celui-ci eft rempli d'alimens, il la comprime, & elle revient à fon premier état. La véficule du fiel éprouve la même compreffion. Le foie fe contracte pour chaffer la bile; les reins, l'urine; les tefticules, la femence; les glandes falivaires, la falive; le pancréas, le fuc pancréatique, &c. Enfin, la contraction continuelle des mufcles s'établit facilement : la nature les a difpofés de façon que chacun a un antagonifte d'égale force ; fi l'un des deux eft léfé ou paralyfé, l'autre tiendra la partie conftamment retirée de fon côté. Il n'y a donc nulle partie dans les corps organifés qui, non - feulement ne foit contractile, mais ne foit dans une contraction continuelle.

C'eft une fuite de l'irritation qu'opèrent fur toutes ces parties les différentes liqueurs qu'elles contiennent. Le cœur, les artères & tout le fyftême vafculeux font irrités par le fang, la lymphe, &c. les vifcères, par les humeurs fécrétoires qu'ils filtrent ; l'efprit moteur coulera donc dans toutes ces parties & les contractera.

Nous pouvons affigner une autre cause qui doit tenir en action toutes les parties. Le cerveau a un mouvement d'élévation & d'abaiffement qui correfpond à la refpiration. M. de Haller a prouvé qu'il dépendoit d'un embarras dans la circulation du fang veineux. Les gros troncs ne fe vident entiérement que dans l'expiration, lorfqu'ils font comprimés par l'abaiffement du tho-

rax : dans le même temps, leurs différentes branches verfent auffi tout le
fang qu'elles contiennent. Les vaiffeaux
veineux du cerveau fe dégorgent également; ce vifcère revient pour lors fur
lui-même, & s'affaiffe.

La même caufe doit retarder la circulation de tout le fang veineux pendant l'infpiration ; & tous les vifcères,
tels que le foie, la rate, les glandes, &c.
auront, ainfi que le cerveau, un mouvement plus ou moins fenfible, correfpondant à celui de la refpiration.

Les vaiffeaux lymphatiques & les
nerfs reffentiront des effets de ce même
retard. Pendant que les veines feront
gorgées, ils ne peuvent verfer leurs liquides, qui par conféquent s'accumu-
leront; mais lorfque les veines fe défem-
pliront, revenant fur eux-mêmes, foit
par leur élafticité, foit par leur contractilité, ils fe videront entiérement. Ainfi
toutes les fonctions fe rapportent, toutes les parties ont une influence mutuelle
les unes fur les autres. Ce font les nerfs
qui établiffent cette correfpondance intime : ils animent chaque organe particulier, & le font communiquer à tous
les autres, parce qu'eux-mêmes ils ne
font qu'un feul fyftême.

Ils donnent à toutes les parties l'irritabilité & la contractilité ; ils leur donneront également la ſenſibilité. Cette qualité dépend entiérement des nerfs ; elle ſera toujours proportionnée à leur quantité, & à la manière dont ils s'épanouiront. La fibre ſera encore plus ſenſible, plus mobile, lorſqu'elle ſera très-déliée ; c'eſt pourquoi elle eſt ſi ſenſible chez les enfans, chez les femmes, & chez ceux qui ont la fibre grêle : elle l'eſt auſſi davantage chez les jeunes gens que chez les vieillards ; chez ces derniers, la fibre a plus de maſſe, & le nerf eſt pour ainſi dire encroûté de parties terreuſes. C'eſt à ces deux cauſes qu'il faut attribuer la différence qu'on obſerve dans la ſenſibilité des parties. Les os, le périoſte, les cheveux & les ongles, ſont très-peu ſenſibles, parce que le nerf eſt pour ainſi dire étranglé. Les membranes, qui ne ſont qu'un ſimple tiſſu cellulaire ſans beaucoup de nerfs, tels que le péritoine, ont aſſez peu de ſenſibilité ; mais celles qui ont des nerfs, comme la dure-mère, ſeront plus ou moins ſenſibles.

Les muſcles ont beaucoup de nerfs & beaucoup de ſenſibilité. Les tendons devroient en avoir davantage, parce

que tous les nerfs s'y amaſſent ; mais ils
ſont ſi enveloppés, ſi gênés, que leur
ſentiment eſt émouſſé ; cependant un
tendon, une aponévroſe bleſſés, excitent les plus terribles inflammations,
parce qu'on pénètre juſqu'aux nerfs ;
au lieu que, ſi on ſaiſit le tendon tout
entier avec une pincette, ſans l'enta-
mer, le nerf eſt à couvert ſous le tiſſu
cellulaire & la gaîne membraneuſe, &
ne peut ſentir l'impreſſion de l'inſtrument.

La peau eſt auſſi fort ſenſible : il eſt
certains endroits où elle l'eſt beaucoup
plus que dans d'autres ; ce ſont ceux où
les nerfs s'épanouiſſent en papilles,
comme aux doigts, aux lèvres, aux mamelons, &c. Tous les ſens ont la plus
grande ſenſibilité par la même raiſon.

Une grande partie des viſcères n'a
pas une ſenſibilité bien exquiſe, tels que
le foie, la rate, les reins, le cœur, le
poumon, le cerveau lui-même ; mais
les autres ont la plus grande ſenſibilité.
Les glandes, les parties ſexuelles, mais
ſur-tout le diaphragme, l'eſtomac & les
inteſtins, ſont on ne peut plus ſenſibles :
on a même voulu y tranſporter le ſiège
de la ſenſibilité, & en conſéquence on
a bâti un ſyſtême des forces gaſtriques.

Chez la femme, on auroit donc dû le porter à la matrice qui paroît bien plus particuliérement le siège de la sensibilité ; c'est prendre l'effet pour la cause. Ces parties ne sont si sensibles, que parce qu'elles sont presque toutes garnies d'expansions nerveuses, que le grand nerf intercostal fournit ; mais si on pouvoit lier ce nerf, on verroit aussitôt cette sensibilité anéantie : preuve qu'elle vient d'ailleurs.

La sensibilité & la mobilité de la fibre varieront prodigieusement chez les différentes classes d'hommes ; c'est dans cette cause que le physicien doit rechercher les grandes différences qu'on remarque en eux : les animaux & l'homme qui en approchent le plus, ont la fibre grosse, peu tendue & peu sensible ; en se polissant, sa fibre deviendra grêle, s'amincira, se tendra & acquerra de la sensibilité ; enfin arrivera un terme, comme chez l'homme social, chez la femme sur-tout, où la fibre sera extrêmement grêle, les nerfs seront très-tendus, & la sensibilité portée au plus haut point. Les fibres du *sensorium* s'en ressentiront plus particuliérement ; leur élasticité & leur mobilité augmenteront en raison de cette tension ; les senfaions y feront les plus vives impreffions , & celles qui à peine fe faifoient fentir dans le premier état , l'affecteront beaucoup aujourd'hui. Ces fibres retiendront auffi ces impreffions plus long - temps ; la mémoire prendra une étendue qu'on n'auroit ofé foupçonner ; l'imagination fe développera ; l'efprit fera vif, brillant , & capable des plus grandes combinaifons.

L'impreffion du plaifir & de la douleur augmentera dans la même proportion que la fenfibilité de la fibre ; le principe fentant fera affecté plus vivement ; il recherchera avec ardeur à fe procurer des fenfations agréables , & à éloigner celles qui le font fouffrir : ce feront les paffions , auxquelles mille circonftances peuvent encore ajouter beaucoup de vivacité.

L'homme de nature eſt fort vigoureux , & jouit d'une fanté conftante : fon corps eft une machine robufte , bien organifée , qui n'a pas reçu tout le fini dont elle eft fufceptible. Celui de l'homme policé approche davantage de cette perfection ; les refforts en font plus fins, plus déliés : leur tiffu eft mince , la fibre eft

ténue ; les vaiſſeaux dans leurs dernières diviſions ſont d'une grande fineſſe ;
les liqueurs ſont ſubtiles , atténuées,
très-animaliſées. Chez le premier, la
fibre eſt ferme , groſſe , & n'a qu'un certain degré de ſenſibilité : les vaiſſeaux
capillaires ne ſont point aſſez déliés
pour que jamais le cours des liqueurs
puiſſe y être interrompu : ſes liqueurs
ſont moins affinées, plus groſſières, il eſt
vrai ; mais elles ſont plus pures , moins
animaliſées , & n'ont pas tant d'âcreté. Il n'eſt donc pas ſurprenant qu'une
machine auſſi bien diſpoſée ne ſe déran-
ge que très-rarement.

Mais comment les fonctions animales ne ſeroient-elles pas léſées à chaque
inſtant chez l'homme de la ſociété ? Sa
fibre eſt ſi ſenſible , que tout l'irrite ;
elle ſe criſpe & entre en ſpaſme à chaque inſtant : par cette criſpation les vaiſſeaux capillaires qui ſont ſi déliés ſont
étranglés , la circulation eſt embarraſſée , & naiſſent les inflammations ,
les obſtructions , &c. Cet effet ſera
plus ſenſible dans les viſcères , dont
les vaiſſeaux font mille contours ;
dès-lors tous les ſucs néceſſaires à l'entretien des fonctions ſeront altérés ;
l'eſprit animal , le ſéminal , la bile ,

les sucs salivaires, seront plus ou moins viciés ; en conséquence la digestion se fera mal : un mauvais chyle fournira un mauvais sang ; toutes les liqueurs contracteront de l'acrimonie : ces âcretés pinceront de plus en plus les nerfs, & augmenteront le désordre. Les passions survenant, porteront le mal au plus haut point ; les esprits seront troublés, les nerfs crispés, toutes les parties seront en érétisme. Les viscères du bas-ventre & le cerveau, comme plus sensibles, souffriront plus particuliérement ; enfin, trop de mouvement ou un repas trop long ; des airs mal sains, corrompus par différens gaz ; le défaut du grand air vivifié par l'influence bénigne des rayons solaires ; des alimens de mauvaise qualité, trop abondans, ou pas assez nourrissans... telles sont les causes de la santé valétudinaire de l'homme de la société : elles commencent à agir sur nos animaux domestiques ; leurs maladies sont déja très-nombreuses, & les épizooties font des ravages prodigieux.

Un phénomène bien singulier dans la sensibilité, est que ce qui affecte un nerf n'en affecte pas un autre ; les yeux ne seront point affectés par les fons; l'oreille fera infenfible aux odeurs, le nez ne flairera point les couleurs. Il eft difficile d'entrevoir la caufe d'un pareil effet, qui a cependant la plus grande influence fur l'économie animale.

Les fons, dira-t-on, ne fauroient guères affecter d'autres organes que l'ouie : l'air fonore vient retentir dans les cavités de l'oreille, de la caiffe du tambour, du labyrinthe, &c. ainfi qu'il fait trémouffer tout corps concave, fans ébranler ceux qui font d'une autre figure. Les rayons de la lumière font trop fubtils pour affecter tout autre nerf qu'une membrane nerveufe comme la rétine, jouiffant de toute fa fenfibilité, fans qu'elle foit émouffée par le contact de l'air extérieur. Les papilles nerveufes de la langue font trop groffières pour être affectées par les odeurs, mais affez fines pour l'être par les faveurs, &c.

Cependant il n'en eft pas moins certain que chaque nerf a un fentiment diftinct, & eft affecté de ce qui n'affecteroit pas un autre. Quoique les mêmes en apparence, ils ont donc des différences réelles qui nous échappent. Les chairs, les liqueurs des différens animaux, ne fe reffemblent nullement
lement :

lement : il n'y a aucune comparaison
à faire entre la chair noire d'un lièvre
& celle d'un agneau, entre celle d'une
perdrix & celle d'un poulet : ils ont
cependant à peu près les mêmes organes ; leur nourriture est la même,
une lymphe animale fait la base de
leurs liqueurs ; mais le tout est différemment modifié chez l'un que chez
l'autre : les nerfs sont différemment
disposés, & ce qui affectera l'un n'affectera pas l'autre, ou l'affectera différemment. Les amandes amères tuent
la plupart des oiseaux, & n'incommodent pas des animaux plus délicats.

La même chose aura lieu pour les
différentes parties de notre corps : ce
qui affectera les nerfs olfactifs ne fera
aucune impression sur les nerfs de la
langue : l'urine n'incommode point la
vessie, ni la bile le foie ; & ces deux
liqueurs irritent toutes les autres parties.

Chaque nerf, chaque partie a donc
son sens particulier ; mais ce sens lui-
même peut éprouver des sensations infiniment variées. Les couleurs, les
odeurs, les saveurs, &c. ne diffèrent
pas seulement quant à leur intensité ;
elles varient quant à leur nature.
Le rouge, par exemple, peut être plus

G

ou moins vif, mais il différera du jaune,
du bleu, du noir, du blanc, &c.
Chacune de ces couleurs eſt très-diſ-
tinct de l'autre ; elle peut être plus
ou moins intenſe, produire du plaiſir
ou de la douleur. Sa vivacité dépendra du mouvement plus ou moins
grand qu'elle aura communiqué au
nerf. Si l'objet coloré eſt très-illuminé,
que lui-même ſoit capable d'une grande
réflexion, la ſenſation ſera fort vive;
mais, ſuppoſant les rayons rouges &
jaunes ayant chacun la même force,
comment l'un fera-t-il éprouver la
couleur rouge, & l'autre la jaune?
Voilà où eſt la difficulté. Dirons-nous
que les nerfs ſont réellement différens?
C'eſt la même rétine qui reçoit l'impreſſion de toutes les couleurs. J'aimerois
mieux admettre une différence réelle
dans la nature des mouvemens de ces
deux rayons de lumière. On ſait que le
mouvement de preſſion excite une ſenſation toute différente que celui de per-
cuſſion, ou celui de frottement ; qu'un
mouvement en ligne droite, n'affecte
point comme celui qui eſt en ligne
courbe ; qu'un corps obtus ne doit pas
faire la même impreſſion qu'un corps
aigu, & hériſſé d'inégalités. Pourroit-on

également dire que les petites parties
des corps qui nous affectent ont des
figures différentes, & que leur mouvement varie, non-seulement en force,
mais quant à la nature? Ce qui donneroit toute la variété de nos sensations,
rendroit celles-ci agréables, & celles-là
désagréables.

DES MOUVEMENS
SYMPATHIQUES.

LEs nerfs de la machine se communiquent tous par le moyen du grand
& du petit sympathiques qui leur donnent différens rameaux, & en font un
seul & unique système. De cette liai-
son intime naissent ces mouvemens
sympathiques qui ont tant exercé les
Physiologistes. En effet, on ne peut
envisager sans étonnement le rapport
qu'il y a entre les différentes parties du
corps. L'affection du rein produit vomissement & rétraction du testicule.
Les douleurs du col de la vessie se rapportent au gland. Si on se blesse au
coude, l'impression s'en fait ressentir
au petit doigt.

G ij

Un nerf affecté communique l'impreffion qu'il a reçue à toutes fes divifions; c'eft pourquoi l'impreffion que reçoit le nerf cubital fe rapporte au petit doigt, & on croit reffentir des douleurs à un membre qui n'exifte plus; mais fi la fenfation eft violente, elle paffera à tous les nerfs avec lefquels celui-ci eft lié, même à ceux fitués au deffus de l'endroit affecté. Dans le panaris, on obferve bien ces différentes gradations. L'humeur dépofée fur la phalange eft-elle peu âcre? la partie enfle, la douleur eft modérée, & fe communique feulement jufqu'au bout du doigt: l'âcreté eft-elle un peu plus confidérable? le doigt enfle tout entier, quelquefois la main, & la douleur eft plus vive: lorfque l'humeur eft plus cauftique, les douleurs s'étendent tout le long de l'avant-bras, quelquefois jufqu'à l'épaule: enfin, la caufticité eft-elle portée au dernier point? non-feulement tout le bras eft irrité, mais furviennent foubrefauts, convulfions générales, délire, & la mort, parce que tout le fyftême nerveux fouffre. C'eft dans de femblables irritations qu'il faut rechercher l'origine des mouvemens fympathiques.

L'irritation de la membrane pituitaire fait contracter le diaphragme, les muscles du bas ventre, & produit l'éternument.

Les maux de tête, ou un coup, une chute sur cette partie, causent irritation à l'estomac, & amènent le vomissement; & réciproquement, l'estomac souffrant, la tête s'en ressent, comme nous le voyons dans les migraines.

Il y a une singulière sympathie des parties génitales aux mamelles, à la gorge & aux lèvres, dont la source est inconnue; on l'a voulu attribuer à une communication des artères mammaires avec une branche de l'hypogastrique; mais ce ne sont point les artères qui sont le siège des sympathies, ce sont les nerfs.

Un chatouillement léger aux lèvres, aux mamelons, à la paume des mains, ou à la plante des pieds, se rapporte aux entrailles & aux parties de la génération; parce que les papilles nerveuses, répandues à toute la surface de la peau, sont fournies par les rameaux que donne l'intercostal aux paires vertébrales.

Les impressions de plaisir & de joie, de tristesse & de chagrin, se font ressentir principalement au centre nerveux du diaphragme , & aux parties voisines ; c'est la cause de l'épanouissement délicieux des entrailles , ou de leur resserrement douloureux. Dans ces cas tout le corps est affecté ; les cheveux se dressent de frayeur , une pâleur mortelle se répand sur tout le visage. La joie répand un quelque chose de flatteur dans toute la machine ; mais le grand intercostal , infiniment plus sensible que tous les autres nerfs , en recevra une impression encore plus considérable qui se communiquera particuliérement aux gros plexus qu'il forme dans le bas-ventre , où il jouit de toute sa sensibilité.

DU CŒUR.

LE cœur est un viscère essentiel à la vie , & dont le mouvement ne peut être suspendu long-temps , sans qu'elle cesse. C'est un muscle conique , enfermé dans un sac nommé péricarde , situé à la partie antérieure de la poitrine. Il a deux cavités appelées ventricules , & deux appendices , nommées oreillettes. Sa structure n'est cependant pas la même chez tous les animaux : celui des poissons & des reptiles n'a qu'une oreillette, & un ventricule ; & chez les insectes, il consiste en deux oreillettes. Ce muscle n'a reçu cette structure que pour opérer la circulation de tous les liquides, sur-tout celle du sang ; ce fluide, arrivé par la veine cave dans l'oreillette droite, passe dans le ventricule droit, qui l'envoie au poumon par l'artère pulmonaire. Il revient par la veine du même nom dans l'oreillette gauche, entre dans le ventricule gauche, d'où il est porté dans tout le corps par l'aorte. Ce mouvement alternatif de sistole & de diastole, commence avec la vie & ne finira qu'avec elle. Chez les poissons & les insectes, il est construit différemment, parce que la circulation ne s'opère point de la même manière.

Le cœur se contracte avec d'autant plus de vitesse, que l'animal est plus petit & plus jeune. On a même voulu construire des tables de ce nombre de pulsations, en raison de sa grandeur. Chez un enfant nouveau-né, le pouls bat 123 fois par minute, & 60 fois seulement chez le vieillard ; celui de l'homme adulte bat 65 fois le matin, & jusqu'à 80 le soir. La plus grande vitesse du pouls pendant la fièvre est de 130 à 140 fois par minute.

Cette même loi s'observe chez les animaux, à raison de leur grandeur. Plus l'animal est petit, plus le pouls est vîte; plus il est grand, plus le pouls est lent. Chez les petits oiseaux il est d'une vîtesse prodigieuse; les grands quadrupèdes l'ont très-lent.

Le principe moteur du cœur est en lui-même : c'est son irritabilité. Nous savons par l'exemple du cœur de la tortue, que, sorti du corps de l'animal, il se meut encore; & lorsque son mouvement cesse, on le réveille en y injectant quelque liquide. Chez l'animal vivant, le sang produit la même irritation dans les oreillettes & les ventricules, & les fait contracter.

La force de contraction du cœur est très-considérable; Keill ne l'a estimée qu'à cinq onces; Jurin portoit celle du ventricule gauche à la force nécessaire pour lever un poids de neuf livres, & celle du ventricule droit aux deux tiers de celle-ci : il attribuoit à l'elasticité des artères l'excédant de la force qui étoit nécessaire pour la circulation. Borelli ayant pesé un des muscles des bras, dont il avoit calculé

la force, pesa également le cœur ; &,
en supposant tout égal entre ces deux
muscles, il estima la force du cœur à
180000 livres, ce qui paroît prodigieux. Cependant il s'étoit trompé en
supposant la fibre du muscle égale en
force à celle du cœur ; celle-ci en a
une bien supérieure ; & rien n'égale la
force des petits lacertulis du cœur. On
a regardé ces calculs comme très-exa-
gérés ; cependant, si on fait attention
aux faits que nous allons exposer, on
verra qu'elle doit être immense, &
que si Borelli l'a enflée, les autres l'ont
estimée beaucoup trop foible.

Dans des mouvemens extraordinaires du cœur, dans des palpitations,
des côtes ont été brisées. Quelle force
ne faut-il pas pour fracturer une côte
enveloppée de ses muscles & tégumens,
sur-tout de la part d'un corps mou
comme le cœur ! Quelquefois ses ventricules se sont crevés : or il faut pour
cela un effort inappréciable ; mais, sans
parler de ces cas extraordinaires, te-
nons-nous-en à ce qui se passe à chaque instant.

Toute la masse du sang se meut avec
une vitesse capable de lui faire parcou-
rir dans une minute 149 pieds 2 pou-

G v

ces, s'il continuoit à ſe mouvoir avec la même viteſſe qu'il a été chaſſé du cœur : or la maſſe du ſang eſt eſtimée à cinquante livres. Mais ce n'eſt pas tout ; il faut d'autant plus de force pour mouvoir un corps, que les frotte-mens ſont plus conſidérables : ici les frottemens ſont immenſes ; les vaiſſeaux ſanguins font mille contours , & ſe di-viſent à l'infini en devenant de plus en plus petits. Auſſi eſtime-t-on que le ſang ſe meut quinze à vingt fois moins vîte dans les petites artères que dans les grandes.

Un troiſième élément de force eſt donné par les réſiſtances. Tous les vaiſſeaux dans leſquels circulent les liqueurs animales ſont tortueux & con-tournés en mille ſens. Le cours des li-queurs eſt donc obligé ſans ceſſe de changer de direction ; cette réſiſtance eſt encore augmentée par le poids de toutes les parties, qui, revenant ſur elles-mêmes , affaiſſent les différens vaiſſeaux.

Il faut convenir que le cœur n'eſt pas ſeul pour ſurmonter tant d'obſta-cles : tous les vaiſſeaux, ſur-tout les artères, ont un mouvement de contrac-tion qui vient ſoulager ſon action. On a observé que les mouvemens de fistole & de diastole des artères sont parfaitement instantanés avec ceux du cœur, qu'elles se contractent & se relâchent dans le même moment que lui : ce ne peut donc être le sang qu'il leur envoie qui les distende ; elles ne se contracteroient qu'après le cœur : leur contraction est donc une suite de leur irritabilité comme celle du cœur ; leur force est très-considérable, puisque leurs tissus se brisent souvent, quoiqu'ayant beaucoup de fermeté.

DE LA CIRCULATION DU SANG

ET

DE TOUTES LES LIQUEURS

DU CORPS.

LE sang chassé du cœur est porté dans toutes les parties par les vaisseaux artériels, & y est rapporté par les veineux. Les anciens n'avoient point d'idée de cette circulation ; ils n'admettoient qu'une espèce de balancement dans les vaisseaux. Harvée, le premier a démontré cette grande vérité.

G vj

Les artères font des vaisseaux moins
gros que les veines, mais d'une consistance plus ferme, plus élastique;
elles s'amincissent en se divisant. Enfin,
les artérioles n'ont presque pas plus de
consistance que les veines; le mouvement de sistole & de diastole n'y est
plus sensible; & la circulation y est
quinze à vingt fois moins prompte que
dans les gros troncs. Ces petites artères se divisent & se sous-divisent à l'infini, en faisant des anastomoses d'autant
plus fréquentes, qu'il y a plus de danger que la circulation soit arrêtée,
comme dans les intestins : dans ces
dernières divisions commence un autre ordre de vaisseaux plus nombreux,
plus gros, & dont le tissu est plus délicat; ce sont les veines. La force motrice n'y ayant plus la même énergie, il a fallu les multiplier & les faire
beaucoup plus grosses que les artères,
quoique la masse du sang ait été diminuée considérablement par les sécrétions.

L'anatomie n'a encore pu démontrer
comment les artères & les veines se
communiquoient. Est-ce immédiatement? l'extrémité de l'artère est-elle le
commencement de la veine? Y a-t-il

un espace intermédiaire, un follécule,
un tissu tomenteux ? Je ne crois pas que
le sang soit épanché dans ces lames du
tissu cellulaire ; il l'infiltreroit comme
l'eau le fait dans l'œdème, & il auroit
de la peine à rentrer dans les veines. Il
est donc toujours contenu dans des vaisseaux, dont il ne s'échappe que dans
des cas extraordinaires, dans les ecchy-
moses. Vraisemblablement les artérioles
& les veinules se communiquent immédiatement ; les nerfs aboutissent à ces
vaisseaux dans lesquels ils versent l'esprit nerveux, qui rentre ainsi dans le
torrent de la circulation : les vaisseaux
lymphatiques en séparent la lymphe,
qu'ils y rapportent bientôt.

Il faut des forces immenses pour
faire marcher toutes ces liqueurs. Ce
sont les contractions vives du cœur,
& de tous les vaisseaux qui les contiennent. Le sang part du cœur avec une
grande vitesse, elle est ralentie par
mille obstacles qui se présentent : cependant la force de l'artère vient réparer
ces pertes, qui néanmoins vont toujours en augmentant ; car, dans les artérioles, le sang a perdu la plus grande
partie de son mouvement, & il ne
porte plus si on ouvre ce vaisseau ; le

battement n'y eſt plus ſenſible : on ne
peut cependant douter que le ſang n'y
ſoit toujours mu par les premières forces impulſives : ces mêmes forces agiſſent même ſur le ſang contenu dans
les veines ; car enfin, le cœur ni les
groſſes artères ne peuvent ſe vuider
qu'à meſure que les petites artères &
les veines ſe dégorgeront. D'autres forces, il eſt vrai, viennent à l'appui de
celles-ci dans les veines. Ces vaiſſeaux,
comme toutes les autres parties du
corps, ont un mouvement de contractilité, ſuite de leur irritabilité : il n'eſt
pas auſſi fort que celui des artères,
mais il n'en exiſte pas moins : on l'a
remarqué dans les gros troncs, & il
eſt vraiſemblable qu'il ſubſiſte également, quoique d'une manière moins
ſenſible, dans ceux qui ſont moins
conſidérables.

Différentes cauſes acceſſoires viennent aider ces différentes puiſſances ;
la première eſt celle qui fait monter
les liqueurs dans les tubes capillaires :
elle doit faire un grand effet, parce
que c'eſt préciſément dans ces petits
vaiſſeaux ſi déliés & ſi multipliés que
la circulation eſt le plus embarraſſée
& éprouve le plus d'obſtacles. Nous

favons que cette force exifte, & nous
en appercevons les effets par-tout,
fans en pouvoir affigner le mécanifme.

Le mouvement mufculaire accélère
beaucoup la circulation : on a obfervé
que le battement du cœur étant 65
fois dans une minute le matin, va
jufqu'à 80 le foir. Ce ne peut être
que l'effet du mouvement mufculaire.
Pendant le fommeil, que les mufcles
ne fe meuvent pas, le pouls fe ralentit confidérablement. Le mouvement périftaltique de l'eftomac &
des inteftins doit produire le même
effet que celui des mufcles, & accélérer la circulation dans tout le bas-
ventre.

L'air élaftique contenu dans le fang,
la lymphe & toutes les autres liqueurs
animales, doit encore beaucoup aider
à leur circulation, par l'alternative
continuelle de condenfation & de dilatation qu'il éprouve : cet effet eft
bien fenfible au printemps, temps de
l'année où l'air éprouve les plus grandes variations, foit quant au poids,
foit quant à la chaleur. La circulation
eft fingulièrement augmentée dans ce
moment, & toutes les fonctions fe

font mieux. La même cause réveille la circulation chez les végétaux, que le froid de l'hiver avoit comme suspendue.

Une cause puissante encore, est le mouvement de la respiration : ces élévations & abaissemens successifs du thorax, ce jeu continuel du diaphragme, doivent produire un effet bien plus considérable que le mouvement des muscles, qui cependant, comme nous l'avons prouvé, en a un très-grand. M. de Haller en a apperçu un second effet. En découvrant les veines cave supérieure & inférieure, ils a vu qu'elles se gonfloient dans l'inspiration, & qu'elles ne se vuidoient que dans l'expiration. La même chose doit se passer dans tout le systême veineux : lorsque les gros troncs se vuident, toutes les ramifications doivent aussi se dégorger & revenir sur elles-mêmes par leur élasticité ; elles se contracteront avec plus ou moins de force, & accéléreront ainsi le mouvement du sang qu'elles contiennent. Ce même mouvement répété à chaque expiration doit faire un grand effet ; aussi, lorsque la circulation est un peu ralentie, fait-on une longue inspiration, un bâillement, pour la ranimer.

Enfin les valvules très-abondantes dans le système veineux secondent tant d'efforts réunis.

Telles sont les forces motrices qui agissent sur le sang, soit artériel, soit veineux; mais elles ne bornent pas là leur effet; elles meuvent toutes les autres liqueurs du corps humain. La lymphe, n'a ainsi que le sang veineux, d'autre force motrice que l'impulsion qu'elle reçoit de l'artère, le battement de cette même artère, l'action musculaire; celle de la respiration, de l'air élastique, & l'irritabilité de ses vaisseaux propres. Les valvules sont encore plus rapprochées dans ses vaisseaux que dans les veines, puisqu'ils sont pleins de nœuds, & qu'à chaque nœud il y a une valvulve : peut-être, comme le sang veineux, gorge-t-elle dans ses vaisseaux pendant l'inspiration, & ne se vuide-t-elle entièrement que dans l'expiration.

Les mêmes puissances meuvent le chyle dans les veines lactées & le canal thorachique : l'action des tuyaux capillaires doit être considérable dans les veines lactées; & le mouvement péristaltique des intestins ajoute encore beaucoup à toutes ces forces.

Le mouvement du cerveau peut en
voyer une petite quantité de fluid
nerveux ; mais c'est l'irritation qu'é
prouvent toutes les parties du corps,
par les différentes causes que nous avon
assignées, qui y attire l'esprit nécessair
pour toutes les fonctions vitales ; & le
sensations en font couler pour tous le
mouvemens qui dépendent de la vo
lonté. Les valvulves font ici les mê
mes effets que dans les autres vaisseaux

Les différentes humeurs sécrétoire
se meuvent plus particuliérement pa
la contraction de leurs vaisseaux &
celle du viscère qui les filtre : celle
qui font contenues dans le bas-ventre,
telles que la bile, le suc pancréatique,
l'urine, la semence dans les vésicules
séminaires, éprouvent l'action du dia
phragme & le mouvement des intes
tins, qui en accélère singuliérement le
mouvement : cet effet doit être encore
plus sensible dans le temps de la diges
tion. Par la même raison, les glandes
salivaires versent plus de salive lors de
la mastication. Le mouvement de tou
tes ces sécrétions sera encore augmenté
par l'effet de l'imagination & de la vo
lonté, qui feront contracter d'une ma
nière plus particulière les parties qu'el

les defireront, ainfi qu'elles meuvent, quand elles veulent, tels ou tels mufcles.

On voit combien doivent être confidérables toutes ces différentes forces, pour mouvoir de fi grandes maffes, malgré tous les obftacles qui fe rencontrent à chaque inftant : auffi le font-elles beaucoup plus qu'on ne croit communément. L'artère poplitée, qui n'eft pas une des plus groffes du corps, peut nous donner un exemple familier de la force des artères : étant affis, les genoux croifés l'un fur l'autre, de manière que l'artère poplitée de la jambe fupérieure porte exactement fur le genou qui eft au deffous, cette artère, trouvant trop de réfiftance de ce côté, foulève à chaque fyftole la jambe & le pied. Quelle force n'exerce-t-elle pas, puifqu'elle agit dans le fens le plus défavantageux, étant auprès du point d'appui, & le pied en étant fort éloigné & très-pefant, relativement à la groffeur de cette artère ? Si cette artère peut produire un tel effet, de quels efforts ne feront pas capables l'aorte & le cœur ? mais vouloir les apprécier & les foumettre au calcul, ne me paroît pas chofe facile.

DE LA CHALEUR ANIMALE.

L A chaleur des animaux eſt un de
ces phénomènes ſinguliers aux yeux de
celui qui réfléchit. Dans la nature, il
n'y a point de chaleur ſans feu. Tous
les corps ſont froids, excepté ceux
qui ſont échauffés par le ſoleil, ou par
le feu que notre induſtrie fait allumer.
La chaleur animale ne reconnoît aucune de ces deux cauſes. Il en eſt une
troiſième, qui eſt le frottement; la
chaleur qu'il produit eſt d'autant plus
conſidérable qu'il eſt plus violent, &
que les corps frottés ont plus de den-
ſité. Il n'y a que les ſolides qui donnent ainſi de la chaleur; car les liquides par les frottemens ne paroiſſent pas
en acquérir ſenſiblement. On n'a jamais obſervé que de l'eau agitée dans
un vaſe s'échauffât.

C'eſt à cette cauſe qu'il faut attribuer la chaleur animale; elle eſt due
au frottement des liquides contre les
ſolides, mais ſur-tout des ſolides entre
eux. Le ſang circulant avec beaucoup
de viteſſe, éprouve des frottemens immenſes; mais ce qui contribue le plus

la chaleur animale, c'est qu'il n'est aucune partie du corps qui ne soit dans un mouvement non interrompu : le cœur & les artères sont dans une agitation continuelle & très-violente ; le poumon, le diaphragme, se meuvent continuellement ; tous les viscères subissent des contractions successives : elles éprouveront donc des frottemens violens ; & plus ces frottemens seront forts, plus la chaleur qui en résultera sera grande.

Et ce qui prouve bien que c'est la vraie cause de cette chaleur, c'est qu'elle sera augmentée par tout ce qui augmentera ces mouvemens, & elle diminuera toutes les fois qu'ils seront diminués. Le vin, les liqueurs spiritueuses, augmentent le ton des solides : la chaleur intérieure augmente dans la même proportion. La fièvre, par la même raison, produit beaucoup de chaleur : un exercice violent, en augmentant le mouvement musculaire, en fait autant ; c'est pourquoi la chaleur est plus considérable dans la veille que dans le sommeil, où tout mouvement musculaire cesse. Les jeunes gens ont plus de chaleur que les vieillards, chez qui la circulation est ralentie. Tous ces faits prouvent bien qu'on a eu tort de prétendre que c'est dans le poumon seul qu'est la chaleur animale, parce que la circulation y est plus rapide: si une partie est enflammée, les vaisseaux crispés gênent la circulation, les forces vitales redoublent leurs efforts, le mouvement & le frottement deviennent plus considérables; la chaleur de la partie augmente dans la même proportion & passe dans tout le corps, si tout le système nerveux agacé y accélère la circulation.

La fermentation qu'éprouvent toutes les liqueurs animales, peut encore donner quelques degrés de chaleur; les alimens fermentent dans l'estomac; le sang fermente dans ses vaisseaux; & s'il n'est renouvelé sans cesse par des matières qui ne fermentent point encore, il dégénère, devient putride, & allume une fièvre plus ou moins vive, avec une chaleur considérable. Lorsque les liqueurs ont contracté beaucoup d'âcreté, elles pincent, irritent le système nerveux qui se contracte avec force; les frottemens sont augmentés, & une chaleur plus ou moins grande en est la suite.

La chaleur a la plus grande influence sur l'économie animale : comme elle est le produit des forces vitales, elle nous annonce l'énergie ; & plus ces forces sont actives, plus les liqueurs sont élaborées, plus elles sont animalisées. La température & la chaleur extérieures ajoutent beaucoup à la naturelle : c'est ce que nous voyons dans les différens climats, comme nous l'avons déja dit. Sous la ligne, les animaux sont plus tôt formés, & tout annonce en eux une constitution robuste : dans les pays froids, la fibre est molle, la vie est tardive. Toute cause qui augmentera ou diminuera la chaleur naturelle, produira les mêmes effets que la température. Un grand usage des liqueurs spiritueuses, des alimens échauffans, des passions vives, augmenteront les forces vitales ; des alimens aqueux & une grande apathie les affoibliront.

La chaleur est encore nécessaire pour la fermentation des liqueurs animales. Du sang tiré dans une palette & exposé au frais, se conservera bien plus long-temps que dans nos vaisseaux. Ce même sang, au contraire, placé dans un lieu chaud, se corrompra plus tôt que s'il étoit resté dans le corps de

l'animal : il faut donc un certain degré de chaleur pour que les liqueurs animales puiſſent acquérir la fermentation néceſſaire. Si la chaleur eſt trop
foible, elles n'y parviendront point,
& ne ſeront point aſſez animaliſées
au contraire, elles paſſeront à la putréfaction, lorſque la chaleur ſera trop
grande : on en a fait l'expérience en
expoſant des animaux dans des étuve
très-chaudes ; c'eſt pourquoi, dans le
pays chauds, la fermentation des liqueurs animales eſt plus grande que
dans les pays froids, & elles tendent
toutes à l'alkaleſcence.

Les végétaux ont auſſi un certain
degré de chaleur, produit ſans doute
par les mêmes cauſes que la chaleur
animale : la circulation de la ſève &
de toutes leurs autres liqueurs, celle
de l'air, le mouvement des trachées
doivent produire des frottemens aſſez
conſidérables pour exciter de la chaleur : leurs liqueurs fermentent également.

DU

DU POUMON.

LE poumon est l'organe d'une fonction qui ne pourroit être suspendue ; tous les animaux périssent dès qu'ils ne peuvent plus respirer. La respiration n'est pas moins nécessaire aux végétaux, & ils ne sauroient vivre sans air.

Le volume du poumon chez les grands animaux est assez considérable ; sa figure approche de celle d'un pied de œuf ; il est attaché en haut par la trachée artère, & soutenu dans son milieu par le médiastin ; la plèvre l'enveloppe ; le diaphragme & le péricarde lui servent de base. Le tissu de ce viscère est tout vasculeux ; la trachée-artère en fait la base, & le partage en deux lobes ; le lobe droit se divise en trois autres, & le gauche en deux : chacun se sous-divise en un grand nombre d'autres lobules ; enfin, les dernières divisions sont comparées à des grains de raisin qui se gonflent lorsque l'air entre dans la trachée, & s'affaissent quand il en sort.

Ce tissu est pénétré de tout côté par les vaisseaux sanguins : l'artère pulmo-

H

naire y apporte tout le fang du ventricule droit du cœur ; elle fe divife
en plufieurs branches qui accompagnent
chaque petite divifion des bronches,
& enfin s'épanouiffent deffus le lobule
en forme de rézeau : les rameaux de
la veine pulmonaire reprennent ce
fang, & le reportent tout au cœur.
L'artère & la veine bronchique pénètrent au travers de tous ces vaiffeaux
pour y porter la nourriture : les vaiffeaux lymphatiques y font très-abondans ; &, après avoir rempli leurs fonctions, ils vont fe rendre au canal thorachique. Les nerfs viennent du grand
intercoftal en partie, & ne font pas
fort abondans.

Le poumon eft donc tout compofé
de vaiffeaux ; un tiffu cellulaire les foû-
tient tous : ce tiffu communique avec
celui de la bouche par la trachée, &
avec la plèvre par les vaiffeaux fanguins, & va former entre les dernières
divifions de la trachée un tiffu inter-
lobulaire, qui fouvent laiffe des mailles vuides, & parallélipipèdes ou en
cubes. Comme le tiffu des bronches
pourroit fe deffécher par le paffage continuel de l'air, la nature y a placé
grand nombre de glandes qui filtrent

une humeur pour les lubréfier, l'humeur des crachats ; c'est la seule sécrétion que fasse le poumon : il diffère en cela des autres viscères, qui tous ne font que des organes sécrétoires ; mais il a une fonction non moins intéressante, qui est la respiration.

Nulle partie ne varie peut-être autant dans sa structure, chez les différens animaux, que le poumon. Chez les poissons qui ne respirent que dans l'eau, cet organe devoit être construit d'une manière bien différente que celui des grandes espèces ; aussi il n'y a nulle ressemblance entre les ouies des uns & le poumon des autres. Les trachées des insectes ne s'en éloignent pas moins ; elles se distribuent dans tout le corps de l'animal, en accompagnent les vaisseaux, & communiquent au dehors par plusieurs ouvertures.

DE LA RESPIRATION.

LA respiration chez l'adulte est une fonction de première nécessité : le trou ovale étant fermé, le sang des veines caves est obligé d'aller passer par le

poumon pour revenir à l'aorte : chez
le fœtus, il n'a pas beſoin de faire
ce grand tour ; aufli ſon poumon eſt
flétri & compacte.

Mais le ſang ne peut toujours tra-
verſer le poumon : les dernières ramifications de l'artère pulmonaire s'é
panouiffent ſur les derniers lobules
de la trachée-artère ; par conſéquent,
ſi ces lobules ſont affaiſſés comme dans
l'expiration, ces petites artérioles ſe
plifferont, la circulation y ſera interrompue : le ſang ſollicite par derrière,
ce qui produira une irritation confidérable ; le thorax s'élèvera, la capacité de la poitrine ſera aggrandie, &
l'air entrera dans les bronches qu'il
dilatera ; les lobules en ſeront gon-
flés, tendus, & les petites artérioles
laifferont paffer ce ſang ; mais cette
tenfion devenue trop confidérable, les
artérioles ſeront étranglées, le ſang
ne pourra plus circuler : une nouvelle
irritation fera abaiffer le thorax. C'eſt
dans ces élévations & abaiffemens du
thorax que confiſte la refpiration : ce
mouvement eſt produit par l'irritation
que fait le ſang lorſqu'il ne peut circuler : cette irritation fait contracter
le diaphragme & les muſcles inter-

coſtaux qui opèrent ce double mouvement.

Le ſang qui va au poumon eſt épais,
noirâtre, & mal broyé ; le chyle n'y eſt
point encore mêlé ; mais en paſſant dans
les petits vaiſſeaux qui rampent ſur les
lobules, il reçoit l'action de l'air qui
eſt contenu dans les bronches : cet
air, paſſant dans un lieu plus chaud
que celui où il étoit, ſe dilate &
agite le ſang contenu dans les lobules.
Par les frottemens multipliés, tous ces
principes, que l'eſpèce de ſtaſe qu'il
ſouffre dans les groſſes veines avoient
en quelque façon déſunis, ſont mêlés
de nouveau. Mais ce n'eſt point là
le grand effet de l'air ſur le ſang ; ſon
action principale conſiſte en ce qu'il
va ſe mêler en nature avec le ſang :
une partie pénètre le tiſſu des lobules,
tandis que l'autre portion, ſe chargeant
du phlogiſtique toujours ſurabondant
chez l'animal, eſt chaſſé par l'expiration.

C'eſt la portion d'air fixe toujours
très-abondant dans l'air atmoſpherique
qui ſe mêle au ſang pour le revivifier.
Un morceau de chair preſque putréfiée, reprend toute ſa fraîcheur par
le moyen de l'air fixe qu'on lui rend ;
de même le ſang veineux, porté dans

le poumon, eſt noirâtre , preſque pu-
tréfié ſi l'on veut : l'air fixe avive ſa
couleur & lui rend toute ſa fraîcheur :
il fait plus ; s'uniſſant à l'huile contenue dans le ſang , il lui ôte l'acrimonie qu'elle a pu contracter dans le
torrent de la circulation ; elle reprend
ſa première douceur : c'eſt pourquoi
toutes les perſonnes qui ſouffrent de
la poitrine ont les humeurs âcres &
cauſtiques. Les phthiſiques ont des chaleurs continuelles qui les fatiguent beaucoup ; c'eſt ſans doute le défaut d'air
fixe qui ne ſe mêle point avec le ſang ,
parce que la reſpiration eſt léſée.

DU THYMUS.

LE thymus eſt une groſſe glande ſituée
à la partie antérieure & ſupérieure de
la poitrine ; il eſt très-gros chez le
fœtus , & occupe une partie du thorax , parce que le poumon eſt extrêmement petit ; mais lorſque ce viſcère
a été dilaté par l'air , il s'étend , comprime cette glande qui peu à peu diminue , & ſe flétrit chez l'adulte.

On croit qu'elle ſert à filtrer une
lymphe pour délayer le ſang veineux

qui est très-épais chez le fœtus, parce qu'il ne reçoit point l'action de l'air dans le poumon ; mais lorsque la respiration a lieu, elle produit un effet bien plus grand sur le sang : toutes les petites glandes bronchiques se développent, & suppléent au thymus qui s'efface.

DE LA VOIX.

Tous les animaux donnent des sons en faisant sortir de l'air de leur poitrine ; le lion rugit, le cheval hennit, le taureau mugit, & l'homme parle. On a long-temps disputé sur le mécanisme de la voix ; M. Dodart a cru que le larynx formoit les sons comme une flûte ; mais ce n'est point vraisemblable. La portion d'air contenue dans la flûte donne des tons différens, suivant qu'on la laisse plus ou moins longue par les trous qu'on ouvre ou qu'on ferme ; ce n'est point ce qui se passe dans la voix : les sons varient suivant l'ouverture de la glotte & la vitesse de l'air qui y passe. Lorsqu'on siffle, il n'y a que l'ouverture des lèvres, leur élasticité & la vitesse de

l'air qui varient le ſifflet. Tout air qu'on
fait paſſer par une petite ouverture avec
une certaine rapidité , fait du bruit ; un
grand vent qui vient frapper dans une
porte entr'ouverte, ſiffle : ce ſon ſera
cependant en raiſon de l'élaſticité des
parois de la fente par ou paſſe cet air ;
de même les ſons que forme la voix
dépendront de l'ouverture de la glotte ,
de l'élaſticité de ſes fibres, & de la viteſſe
avec laquelle l'air ſera chaſſé : ces ſons
feront enſuite modifiés par la langue ,
le voile du palais , les narines , l'ouverture des lèvres & les dents ; cependant toute la France a vu une femme
qui articuloit très-bien & prononçoit
très-diſtinctement, quoique ſans langue.

DU RIS.

LE ris annonce la joie & le plaiſir : c'eſt un mouvement violent &
par ſaccades du diaphragme qui chaſſe
avec force l'air contenu dans le poumon, & produit ainſi ces grands éclats
de voix. Il feroit aſſez difficile d'en
aſſigner la cauſe ; elle doit être une
ſuite de la grande ſenſibilité du diaphragme. Nous ſçavons que dans la

joie il coule une très-grande quantité d'esprit nerveux dans tous les plexus du bas-ventre & sur-tout au diaphragme ; dans le ris il coule encore en plus grande quantité & par secousses. Une chose assez singulière, c'est que le ris paroît particulier à l'homme ; mais c'est une suite de la cause que nous lui assignons : les autres animaux n'ont point les nerfs si sensibles, sur-tout le grand intercostal.

DU FOIE.

LE foie est un des gros viscères du corps, divisé en deux lobes, & qui filtre la bile. Son volume annonce son utilité, & par conséquent celle de la sécrétion qu'il fournit : il est, comme les autres viscères, tout composé de vaisseaux unis par un tissu cellulaire ; la veine porte le pénètre de tous les côtés, & dans ses dernières ramifications elle s'épanouit, & forme des espèces de petits grains qu'on appelle pores biliaires : c'est-là où se filtre la bile ; des vaisseaux particuliers la reçoivent, & leur réunion forme le canal hépatique. La bile arrivée au ca-

nal choledoque, une partie est portée
au duodenum, & l'autre reflue à la
véficule.

Le foie a, indépendamment de la veine porte, d'autres vaisseaux sanguins;
l'artère hépatique le nourrit, & la veine de ce nom en reprend tout le sang
& celui de la veine porte lorsqu'il a
fourni la bile. Il a encore beaucoup
de vaisseaux lymphatiques, & quelques
lactés qui lui viennent du méfentère.
Sa sensibilité n'est pas grande, aussi a-t-il
peu de nerfs. Une membrane ferme,
qu'on appelle la capsule de Glisson,
lie tous ses vaisseaux, & donne au
foie une grande consistance.

Le foie chez l'homme est tout porté
sur son ligament suspensoire, sur-tout
lorsque l'abdomen n'est pas plein, comme lorsqu'on est à jeun. Dans les animaux qui marchent à quatre pattes
sa position est toute différente, & donne
lieu à beaucoup moins d'accidens. Tous
les autres viscères souffrent également
de cette position verticale de l'homme.

DE LA RATE.

LA rate eft un vifcère long, fitué à l'hypocondre gauche : fans doute elle a une utilité dans l'économie animale, mais qui n'eft pas de première nécef- fité ; car cet organe peut être léfé au point de ne pouvoir plus faire fes fonc- tions, fans qu'il en réfulte de grands inconvéniens. On a vu la rate obftruée, & les malades vivre de longues an- nées. Les fonctions de ce vifcère ne font pas encore bien connues, mais on croit qu'il fert à la préparation de la bile.

DE LA VEINE PORTE.

LA veine porte eft unique, en fon genre dans la ftructure des corps or- ganifés ; faifant fonction d'artère, elle reprend le fang de toutes les veines méfaraïques, inteftinales, fpléniques, & de prefque tous les vifcères du bas- ventre, pour le porter au foie, dans lequel elle fe diftribue, comme nous avons dit, pour la fécrétion de la bile.

Cette liqueur eſt déja ébauchée dans les vaiſſeaux de la veine porte. Il paroît donc qu'elle ſe prépare dans les différens viſcères d'où part cette veine; auſſi trouve-t-on la rate, les veines du méſentère, des inteſtins, pleines d'une humeur noirâtre.

La nature a ainſi établi un petit ſyſtême de circulation ſéparé pour la bile, parce que cette humeur, toute formée pour ainſi dire dans ſes vaiſſeaux, eût, par ſa cauſticité, porté le feu dans toute la machine, ſi elle fût rentrée dans le torrent de la circulation : on lui a donc préparé des vaiſſeaux par leſquels elle ſe rend immédiatement au foie.

DES REINS.

Tous les viſcères que nous avons vus juſques ici ſervent à filtrer des liqueurs néceſſaires à l'économie animale; mais ceux-ci ne ſont faits que pour débarraſſer la maſſe de ce qui la ſurcharge. Les reins ſont deux viſcères ſervant à une ſécrétion excrémentitielle, qui ne peut être ſupprimée ſans les plus graves accidens : un ſeul peut ſuppléer aux deux : on en a auſſi trouvé quatre.

Ils font compofés, comme les autres parties, de différens vaiffeaux foutenus par un tiffu cellulaire ; les artères émulgentes viennent fe ramifier dans la fubftance corticale ou extérieure, où elles filtrent l'urine, qui enfile-fes vaiffeaux particuliers ; ces vaiffeaux fe rendent dans la fubftance rayonnée qui en paroît toute formée, & , fe réuniffant par pelotons, forment les papilles ; elles font au nombre de dix à douze : des alongemens du baffinet, appelés calices, les enveloppent, & tous vont fe rendre au baffinet, d'où partent les uretères qui portent l'urine à la veffie : elle y féjourne peu, & elle eft enfin chaffée hors du corps.

DES ORGANES

DE

LA GÉNÉRATION

DES MALES.

LA nature s'eft fervi, pour la reproduction des êtres, de voies également incompréhenfibles & admirables : elle a préparé des organes particuliers pour cette opération ; mais elle ne les développe que lorsqu'elle en a besoin à l'âge de puberté. L'artère spermatique est si foible, qu'elle est la dernière à opérer l'extension des organes auxquels elle se distribue : ce n'est que lorsque les autres parties ne peuvent plus céder à l'impulsion du sang, que ce liquide, se portant où il trouve le moins de résistance, reflue à l'artère spermatique, & donne pour ainsi dire naissance à ces organes précieux.

Les testicules en sont le principal ; ce sont eux qui filtrent ce fluide reproductif ; ils sont enveloppés d'une membrane formée par un tissu cellulaire fort serré, & qui n'admet jamais de graisse ; sa tunique interne s'appelle albuginée ; de sa couleur blanche ; dessous on trouve la substance même du testicule, qui est d'un jaune gris. C'est un entrelacement de petits vaisseaux séminaires d'une ténuité prodigieuse & d'une longueur considérable, ou plutôt ce sont quatre à cinq vaisseaux séminaires, repliés en ziz-zag, qui tous viennent se rendre à un corps assez ferme, nommé corps d'Hygmore. La semence, apportée par tous ces petits vaisseaux, est versée dans un tuyau

excréteur appelé épididime ; il rampe
quelque tems comme un gros nerf fur
le teſticule , puis s'en ſépare ſous le
nom de vaiſſeaux déférens , gagne
l'anneau des muſcles du bas-ventre,
paſſe au deſſus du pubis , & ſe replonge
pour aller ſe rendre aux véſicules ſémi-
naires.

Ces véſicules ſont de petits canaux
faiſant pluſieurs circonvolutions, comme les inteſtins grêles , & dans leſ-
quelles ſe repoſe l'eſprit ſéminal : elles
ſont ſituées derrière le col de la veſſie , attachées à celle-ci & au rectum ;
leur tuyau excréteur vient ſe décharger dans l'urètre au verumontanum ;
des vaiſſeaux ſanguins & des lymphatiques ſe rendent à ces véſicules , ainſi
qu'aux teſticules , mais ſur-tout beaucoup de nerfs qui y verſent leurs eſprits pour vivifier la ſemence.

Au-deſſous du col de la veſſie ſe
trouve une groſſe glande, appelée proſ-
trate , que l'urètre traverſe dans ſon
milieu : cette glande eſt preſque compoſée, comme les véſicules, de pluſieurs
petits ſacs qui ſe déchargent dans l'u-
rètre par autant de tuyaux excréteurs
auprès du *verumontanum* ; il y en a au
moins dix qui filtrent une humeur glai-

reuſe blanchâtre, approchant beaucoup
de la couleur de la ſemence ; dans le
temps de l'émiſſion de celle-ci, la proſ-
tate eſt auſſi comprimée : l'humeur
qu'elle filtre ſert de véhicule à cet eſprit, &, par ſon octuoſité, émouſſe
l'impreſſion trop forte qu'il feroit ſur
l'urètre.

Cet eſprit ne pourroit parvenir au
lieu où doit ſe faire la reproduction,
s'il n'y étoit porté par la verge : celle-
ci n'eſt donc qu'un inſtrument dont ſe
ſert la nature pour parvenir à ſes fins. La
verge eſt compoſée de deux corps caverneux, dont l'origine eſt à l'iſchion ; ils
ſe réuniſſent & vont ſe terminer au
gland ; qui eſt également tout vaſculeux, & pourvu d'une grande quantité de nerfs s'épanouiſſant en papilles ; il eſt recouvert d'une membrane appellée prépuce. Les corps caverneux ſont creux, vaſculeux, & compoſés d'un grand nombre de cellules ;
une cloiſon les ſépare, mais elle ſe perd
avant d'arriver au gland, enſorte qu'ils
ſe communiquent. L'enveloppe de ces
corps eſt ligamenteuſe & ferme. L'urètre ſe trouve placé à la partie inférieure
de la verge ; un tiſſu tomenteux & ſpongieux l'enveloppe, & filtre une humeur

vifqueufe, gluante & onctueufe, pour ga-
rantir l'urètre de l'impreſſion de l'urine.
La verge a différens mufcles, dont le
principal ufage eſt de la faire entrer en
érection, & d'accélérer l'émiſſion de
l'efprit féminal; c'eſt en comprimant
les veines, & empêchant le retour du
fang qu'apporte aux corps caverneux
une affez groffe artère, que ces mufcles font gonfler la verge; mais qu'eſt-
ce qui fera contracter ces mufcles ? Il
paroît que c'eſt tout ce qui irritera ces
parties; l'âcreté des fucs qui y abon-
dent, une trop grande quantité de fang,
une abondance de femence, des defirs
déréglés, une imagination exaltée, font
autant d'agens qu'emploie la nature.

DES ORGANES

DE

LA GÉNÉRATION

DES FEMELLES.

CES organes, comme ceux du mâle,
ne fe développent que fort tard : les
principales parties font la matrice &
les ovaires. La matrice eſt un corps

applati , fait en forme triangulaire
ſitué entre la veſſie & le rectum , &
dont les parois ſont fort épaiſſes. Son
col eſt rerminé par un bourrelet appelé *os tencæ* ; il communique avec le
vagin qui eſt conſtruit comme un petit
inteſtin , pliſſé , ridé , & garni de petites glandes filtrant ſans ceſſe une
humeur gluante. La matrice eſt percée
dans ſon fond vers ſes deux cornes ;
c'eſt par là qu'elle communique avec
deux conduits appelés les trompes de
Fallope ; elles vont en s'écartant du
côté des os iléum , font pluſieurs tours
& circonvolutions , & ſe terminent en
s'épanouiſſant par une large évaſure
qui s'appelle pavillon de la trompe ;
ce pavillon embraſſe les ovaires : ce
ſont deux corps larges , applatis , ridés ,
dans leſquels on trouve de petits œufs
ou hydatides , eſpèces de véſicules
remplies d'une humeur qu'on a regardée
comme lymphatique. La trompe , qui
paroît muſculeuſe dans le temps de la
conception , comprime l'ovaire , & exprime ce ſuc qu'on peut appeler la ſemence de la femelle , car je ſuis bien
éloigné de le croire lymphatique. Le
tiſſu de l'ovaire paroît glanduleux , ce
qui le rapproche encore de la nature
du teſticule.

Ces parties varient beaucoup chez les
différens animaux, même dans les grandes efpèces. Les femelles qui font un
grand nombre de petits, ont la matrice
divifée en plufieurs cavités ; mais la
différence eft bien plus grande encore
des vivipares aux ovipares, telles que
la tortue, les oifeaux, les ferpens, &c.
Les hydatides que nous avons vues dans
l'ovaire des vivipares, fe changent ici
en œufs.

Mais un phénomène bien fingulier
chez la femme, eft l'écoulement menftruel ; il lui eft particulier : les autres
femelles n'y font point fujettes. En général, il y a chez l'homme, de ce côté,
une différence étonnante d'avec les
autres animaux. Le fang fe porte avec
force à ces parties ; la femence fe filtre
en une quantité furprenante, & on ne
peut voir fans étonnement l'homme
ayant des befoins continuels en ce
genre, tandis que les plus forts animaux en ont fi peu ; & ils ne pourroient réellement faire ce que fait
l'homme. C'eft donc à cette caufe principalement que je crois qu'on doit
attribuer l'écoulement dont il s'agit ;
& ce qui le prouve encore, c'eft qu'il
eft plus confidérable chez les femmes

dont l'imagination eſt plus tournée ver
ces plaiſirs. Les filles des grandes villes
quoique très-maigres, ſont réglées beau
coup plus tôt que celles qui habitent le
campagnes, & le ſont plus abondamment : cependant celles-ci ſont en général plus fortes, plus robuſtes ; mài
les mœurs étant plus pures, la colonne des liquides ſe porte moins ſu
ces parties. Ce ſeront donc les effort
de l'imagination qui détermineront le
ſang vers ces organes ; il s'y accumule peu à peu ; le tiſſu de la matrice
ſe gonflera ; enfin, après une période
plus ou moins longue, il forcera le
vaiſſeaux, & s'échappera avec plus ou
moins de force.

Cet écoulement ſera d'autant plus
abondant, que la maſſe du ſang ſera
plus conſidérable. On a dit qu'il étoit
ſeulement l'effet de la pléthore, c'eſt
ce que je ne crois pas. Une perſonne
qui eſt dans le maraſme n'eſt pas réglée ;
cela n'eſt point ſurprenant : mais la plupart des femmes, quoique très-maigres,
étant bien éloignées d'avoir une ſurabondance de ſang, auront leurs règles
très-exactement. Cependant en général
l'homme & la femme ſont pléthoriques ;
ils mangent en ſi grande abondance,

& leurs alimens font fi nourriffans,qu'ils fourniffent plus de fucs réparateurs qu'il n'en faut ; auffi eft-il rare qu'on n'ait quelque évacuation périodique.

L'éruption du flux menftruel eft or-dinairement accompagnée de coliques dans la région de la matrice, qui ré-pondent aux reins ; & des laffitudes, des maux de tête, des oppreffions, précèdent le plus fouvent. Ces acci-dens reconnoiffent pour caufe les efforts que font les liquides pour fe faire jour au travers du tiffu de la matrice ; elle en eft diftendue, tiraillée ; l'irritation fe fait fentir aux ligamens longs & larges ; les nerfs font crifpés, & enfin paroiffent les étouffemens femblables à ceux qu'on éprouve dans les paroxif-mes vaporeux ; car ces accidens dépen-dent plutôt des nerfs que de la pléthore, comme on l'avoit cru. Tous ces fymp-tômes font plus violens dans les pre-mières éruptions, parce que le tiffu de la matrice eft plus ferré & prête plus difficilement.

DES MAMELLES.

Les mamelles font des corps glanduleux fitués à la partie antérieure d.
corps. Ces organes paroiffent uniquee
ment deftinés à la femelle, pour fournir au petit qui vient de naître une
nourriture proportionnée à fa foibleffe
fi la nature en a marqué chez le mâle
c'eft qu'elle eft finguliérement attaché
à un plan dont elle s'écarte peu; mai
elle a bien fait voir fon intention en
ne les développant jamais chez lui
au lieu que chez la femelle ces glande
groffiffent prodigieufement : elles fon
liées par un tiffu cellulaire qui fe charg
d'une graiffe ferme. Ces glandes, qu
font très-délicates, font mollement affi
fes fur cette graiffe : elles ont des tuyau
excréteurs, au nombre de huit, qui abou
tiffent à l'aréole.

L'enfant qui vient de naître a le
mamelles un peu gorgées de lait : elle
s'affaiffent bientôt, quoiqu'on y découvre toujours une humeur laiteufe ; mai
à l'âge de puberté elles fe développent
tout-à-coup, comme les parties génitales avec lefquelles elles ont un fin-

gulier rapport ; c'eft fans doute par la même caufe. L'artère mammaire eft auffi foible que l'artère fpermatique , & le fang ne s'y porte avec force que lorfque les autres parties ne peuvent plus céder à fon impulfion ; le lait qui y étoit déja, en attire de nouveau : la pléthore qu'on obferve pour lors dans tout le corps de la femme , fe partage entre les mamelles & la matrice , & fe porte également fur ces deux parties : s'il y a des raifons particulières qui détournent la colonne des liquides de deffus une des deux, ils reflueront tous fur l'autre ; c'eft ce qui arrive dans la groffeffe & dans toute fuppreffion. La matrice apportant trop d'obftacles , les liquides fe portent aux feins ; ils fe gonflent , & contiennent beaucoup de lait. La même chofe arrive lorfqu'on attire les liquides fur cette partie : c'eft ce qu'opère la fuccion ; & une femme qui fe fait téter prendra toûjours du lait. (On a vu la même chofe chez des hommes.) C'eft ainfi que le lait eft fi abondant chez les nourrices, jufqu'à ce que les mamelles par leur élafticité , revenant fur elles-mêmes, le forcent à rentrer dans le torrent de la circulation.

Il y a une grande variété relativement à cet organe dans les différente
eſpèces d'animaux : les ovipares n'e
ont point, parce qu'il leur étoit inutile
les poiſſons, les reptiles, les inſecte
n'ont rien d'approchant. On ne connoît des mamelles qu'aux quadrupède
& aux cétacés ; les uns, comme l'homme & quelques eſpèces de ſinges, n'e
ont que deux ſituées au thorax ; la
plupart des autres en ont pluſieurs placées depuis le thorax juſqu'à la parti
inférieure du ventre : ce ſont même
ces dernières qui ſont les plus volumi-
neuſes.

DES GLANDES.

Les glandes ſont des organes deſtinés à ſéparer de la maſſe générale quelque liqueur particulière dont la nature
a beſoin ; elles ſont formées, comme
toutes les autres parties, d'artères, de
veines, de vaiſſeaux lymphatiques &
de nerfs. Un tiſſu cellulaire les unit &
les ſoutient ; elles ont de plus des vaiſſeaux excréteurs deſtinés à recevoir l'humeur qui a été filtrée.

Les glandes ne diffèrent entre elles
que.

que par la manière dont tous ces vaisseaux se comportent les uns avec les
autres; c'est ce qu'on ignore encore.
La question n'est point décidée entre
Ruysch, qui ne regardoit les glandes
que comme des lacis de vaisseaux, &
Malpighi qui vouloit qu'elles fussent
toutes folléculeuses. Il en est de cette
dernière espèce, telles que les sébacées;
mais toutes le sont-elles ? c'est ce que
je ne crois pas. Au reste, la question
n'est pas bien intéressante : tout se passe
de même dans les deux hypothèses,
comme nous l'avons dit en parlant de
la circulation. Les vaisseaux artériels se
divisent à l'infini : dans ces dernières
divisions s'opèrent la sécrétion qui enfile ses vaisseaux propres ; le reste du
sang est repris par les veines : les vaisseaux lymphatiques se séparent ici,
& bientôt viennent rapporter la lymphe. L'esprit nerveux est également
versé, soit avec le sang, soit avec la
lymphe, soit avec l'humeur sécrétoire,
pour les vivifier les uns & les autres.
C'est une remarque essentielle, que les
nerfs sont très-abondans dans les glandes ; ils doivent par conséquent y verser beaucoup de cet esprit ; & certaines glandes, telles que les salivaires, le

I

pancréas, le thymus, rapprochent un peu de la ſubſtance du cerveau.

On diſtingue deux eſpèces de glandes, les conglobées & les conglomérées. Les premières ſont rondes, unies à leur ſurface, & ne forment qu'une ſeule maſſe; telles ſont les lymphatiques, les ſébacées & les milliaires: les plus groſſes n'excèdent pas le volume d'une amande. Les congloméréés ſont compoſées de pluſieurs petites glandes; elles ſont groſſes, inégales, raboteuſes, &c.: le pancréas, les glandes ſalivaires, ſont de ce nombre.

Toutes les parties des corps organiſés ſont garnies de glandes: à la peau on trouve les milliaires & les ſébacées; la bouche, la gorge, le pharinx, l'eſtomac, les inteſtins ont les leurs, au nombre deſquelles doit être mis le pancréas: au cerveau, ſont la pituitaire, la pinéale & celles de Pacchioni, qui garniſſent tous les ſinus. La membrane pituitaire en a un grand nombre; le long des diviſions de la trachée, on trouve les bronchiques: on n'en connoît, par exemple, pas au cœur: il y en a au fôie, à la véſicule, à la rate, de placées auprès des gros troncs de la veine porte; les iliaques, les ſacrées, les lombaires, accompagnent les gros vaisseaux de ce nom. Les parties de la génération en sont toutes garnies : on y trouve la prostate, les lacunes de l'urètre, les glandes odoriférantes de Tison, &c. Toutes ces petites glandes filtrent des humeurs presque huileuses pour lubréfier les parties, les entrete- nir souples & en faciliter les mouve- mens.

Mais les glandes conglomerées, tel- les que les salivaires, le pancréas, donnent des liqueurs que la nature em- ploie. En un certain sens on pourroit regarder tous les viscères comme des glandes ; le cerveau filtre l'esprit ner- veux ; le foie, la bile ; les testicules, la semence, &c. : c'est à peu près la même organisation & le même méca- nisme.

DES GLANDES

SALIVAIRES.

LES glandes salivaires sont très-nom- breuses, parce qu'il falloit beaucoup de salive pour la digestion ; aussi ont- elles été prodiguées, pour ainsi dire : toute la bouche en est garnie, & elles

I ij

verſent une roſée abondante de ſalive,
dans le temps de la maſtication : on
diſtingue cependant par leur groſſeur,
les maxillaires & les parotides ; elles
ont des tuyaux excréteurs : ceux des
parotides s'appéllent conduits de Stenon ; ils viennent ſe jeter dans la
bouche, vis-à-vis la troiſième dent
molaire. On a vu des perſonnes qui
avoient ce conduit coupé, perdre plus
de deux onces de ſalive pendant un
repas.

L'œſophage eſt garni de pareilles
glandes : il y a ſur-tout la groſſe glande
œſophagienne qui doit donner beaucoup de ſalive.

Les glandes gaſtriques ſont plus petites, ainſi que les inteſtinales ; mais
elles ſont en très-grand nombre, &
elles verſent beaucoup de ſuc.

Mais la plus groſſe de toutes ces
glandes eſt le pancréas, ſitué derrière
le duodenum ; il eſt diviſé en deux :
un canal excrétoire le traverſe & reprend tout le ſuc qu'il a filtré, pour
l'apporter au duodenum.

DE LA BOUCHE.

LA bouche a plus d'un usage dans l'économie animale : le premier est de recevoir les alimens, les broyer, les mâcher, & les faire descendre dans l'estomac ; elle a reçu à cet effet les dents & la langue. Les dents broient les alimens & les mêlent avec la salive ; elles ne sont point en même nombre chez les différens animaux : chez l'homme chaque mâchoire en contient quatre canines, deux incisives, & dix molaires. La dent a un nerf qui s'introduit par sa racine & vient se distribuer à la couronne.

La langue est dans la partie inférieure de la bouche : c'est un gros muscle composé de plusieurs autres ; les uns vont de la base à la pointe, & la retirent en arrière en se contractant ; d'autres la traversent latéralement, l'arrondissent & l'alongent. Cet organe est garni de beaucoup de papilles nerveuses ; aussi est-il le principal siège du goût ; les autres parties de la bouche goûtent néanmoins un peu. C'est par l'action de la langue que s'opère la déglutition ;

elle envoie les alimens au fond de la bouche, &, s'appliquant ensuite au palais, les muscles génioglosses se contractent, ouvrent le pharinx, & le bol alimentaire est forcé de descendre.

La bouche sert encore à donner passage à l'air qui va à la poitrine & qui en sort ; les sons acquièrent de la mélodie en la traversant, & la langue conjointement avec les lèvres forment la parole.

La nature a infiniment varié cette partie chez les différens animaux. La bouche des insectes, des poissons, n'a aucune ressemblance avec celle des quadrupèdes. Les oiseaux ont un bec, & n'ont point de dents. Parmi les quadrupèdes eux-mêmes il y a de grandes variétés : l'homme seul & quelques singes ont les os maxillaires courts ; les autres les ont alongés ; en conséquence il a fallu que la langue fût plus longue, les dents plus grosses, plus écartées & plus nombreuses : le bœuf n'en a point de canines à la mâchoire supérieure ; l'éléphant a deux défenses énormes, & le tamandua n'en a point du tout.

DE LA SOIF.

LA soif est une sensation particulière qu'on ne peut rapporter à aucun des cinq sens des anciens ; elle est l'effet du desséchement de l'arrière-gorge. La lymphe que filtrent les glandes de cette partie s'épaissit, devient visqueuse ; c'est ce qui produit ce sentiment fâcheux : on ne le fera cesser qu'en humectant beaucoup ces parties, buvant & se gargarisant fréquemment ; mais comme l'humeur est trop épaisse, l'eau coule & ne peut l'emporter ; aussi ne désaltère-t-elle pas : il faut des liqueurs qui irritent un peu & fassent contracter ces parties, pour s'en débarrasser ; c'est pourquoi, dans les pays chauds, on fait un usage immodéré de l'eau-de-vie.

DE L'ESTOMAC

ET DES INTESTINS.

LES corps organisés ont besoin de réparer les pertes continuelles qu'ils

I iv

font : ce font l'eftomac & les inteftins qui contribuent le plus à la préparation des fucs qui y font néceffaires ; auffi la nature a-t-elle mis un
grand appareil dans leur ftructure : ils
font compofés de quatre membranes;
la première eft une portion du péritoine qui n'eft qu'un tiffu cellulaire ;
la feconde eft mufculeufe ; la troifième
eft un tiffu cellulaire garni d'une quantité prodigieufe de nerfs ; enfin, la quatrième paroît être une expanfion toute
nerveufe , faite en forme de velours :
entre ces deux dernières fe trouvent
les glandes gaftriques & inteftinales ;
on retrouve de plus dans les inteftins
les veines lactées ; ce font de petits
tuyaux capillaires qui s'ouvrent dans
la membrane veloutée , percent les
autres tuniques de l'inteftin en ram-
pant , & vont fe rendre au méfentère :
lorfque l'inteftin eft relâché , le vaiffeau lacté eft entr'ouvert , & le chyle
y entre par la même force qui fait
monter les liqueurs dans les tuyaux
capillaires.

Ce qui eft remarquable dans ces organes, c'eft la quantité de nerfs dont
ils font pourvus ; ils y font prodi-
gués , tandis que d'autres parties en ont

fi peu , & encore ne font-ce que des
rameaux de l'intercoftal , ce nerf fi
fenfible , & qui font tous fous forme
d'expanfions nerveufes : c'eft la caufe
de la fenfibilité fi exquife de ces parties. Ceffons donc d'être furpris que
toutes les impreffions vives du fenforium fe rapportent auffitôt aux entrailles,
& produifent ces phénomènes que nous
avons admirés.

Des parties auffi fenfibles doivent
être fans ceffe irritées : auffi le font-
elles continuellement , foit par les alimens , foit par les fucs qui y font
verfés ; & elles éprouvent un mouvement non interrompu de contraction &
de dilatation , qu'on appelle périftaltique.

Ces parties varient , comme toutes
les autres, chez les diverfes efpèces d'a-
nimaux ; la différence eft fur-tout grande entre les frugivores & les carnivores : la plûpart des premiers , tels que
les ruminans , ont plufieurs eftomacs
& des inteftins très-longs , parce que
les végétaux dont ils fe nourriffent
font difficiles à digérer , & donnent
peu de chile ; les chairs au contraire
fe feroient corrompues dans des vifcères auffi longs : c'eft pourquoi les

I v

carnivores les ont beaucoup plus courts.
Chez les oifeaux qui, privés de dents,
ne peuvent mâcher, la nature toujours
prévoyante y a suppléé par le géfier,
où les alimens commencent à fe ramollir avant d'être envoyés à l'eftomac.

DE L'ÉPIPLOON.

LA nature, laiffant flotter les inteftins & tous les différens vifcères du
bas-ventre, les a enveloppés de beaucoup de tiffu graiffeux, pour en adoucir les frottemens ; elle en a dépofé une
grande quantité dans le méfentère, le
méfocolon, autour des reins & dans
toute la capacité de l'abdomen : elle
a plus fait ; elle a formé l'épiploon,
qui eft une membrane flottante qu'elle
a remplie de graiffe. Dans l'ordre naturel, l'animal marchant à quatre pattes, tous les vifcères portent fur cette
couche graiffeufe : ils y font mollement, fans ceffe humectés, & toujours dans une douce chaleur ; le froid
ne peut pénétrer jufqu'à eux, & ils
font par ce moyen préfervés de ces
coliques fi fâcheufes.

Un fecond avantage qui en réfulte,

c'eft que toute cette graiffe furabondante pourroit nuire ailleurs : la nature
la reprendra enfuite , lorfqu'elle en aura
befoin. Il eft des animaux, comme l'ours,
qui fe foutiennent plufieurs mois dans
les grands froids avec leur feule graiffe
furabondante.

DU PÉRITOINE.

LE péritoine eft une membrane formée d'un tiffu cellulaire affez ferme :
on ne lui connoît d'autres ufages que
de contenir les différens vifcères du bas-
ventre , & de leur fervir d'enveloppe :
il fournit la membrane externe de tous
les vifcères , enforte qu'en le déta-
chant , nul de ces vifcères ne feroit
contenu dans cette membrane. La même chofe a lieu pour la plèvre, le
péricarde & toutes les autres membranes ; car c'eft une attention de la
nature , d'avoir formé de femblables
tiffus dans toutes les cavités.

DE LA FAIM.

LA faim ne pourroit pas plus se rapporter aux cinq sens des anciens, que
la soif; c'est une sensation douloureuse
qu'éprouve l'estomac lorsqu'il est vide:
on ne la fera cesser qu'en prenant des
alimens, ou toute autre chose qui rem-
plira ce viscère : il y a des animaux
qui avalent de la terre s'ils ne trouvent
rien autre, & par-là calment leur
faim.

On a cru devoir attribuer cette sensation à différentes causes ; la première
est le frottement des membranes de
l'estomac les unes contre les autres ; car
il ne paroît pas que le mouvement péristaltique doive cesser dans ce cas ; il
sera plutôt augmenté par la causticité
que prendront la salive & les sucs
gastriques qui y sont contenus, & qui
ne sont point renouvellés : ces sucs irriteront l'estomac & augmenteront ses
contractions. Une troisième cause est
l'embarras qui naîtra dans la circulation chez les pètits vaisseaux qui rampent entre ses membranes ; lorsqu'elles
seront affaissées, ils se trouveront étran-

glés, comme il arrive dans les lobules du poumon pendant l'axpiration ; le fang follicitera pour pouvoir paffer, & produira une irritation plus ou moins grande.

L'eftomac paroît avoir un goût particulier ; fouvent il defire tels alimens, & répugne à tels autres ; & effectivement il digérera bien les uns, tandis qu'il ne digérera pas, ou digérera mal les autres : mais c'eft fur-tout dans le *malacia* où il préfente des phénomènes particuliers ; il a pour lors les goûts les plus déréglés ; les chofes les plus défagréables, les plus dégoûtantes, lui font le plus grand plaifir ; c'eft un effet de l'agacement de fes nerfs, effets encore fi peu connus.

DE LA DIGESTION.

LES alimens broyés, mis en morceaux par les dents, font mêlés avec une grande quantité de falive : en traverfant l'œfophage, ils reçoivent de toutes les glandes qui y font, fur-tout de la groffe œfophagienne, de nouveaux fucs ; arrivés dans l'eftomac, les glandes gaftriques leur en fourniffent encore une grande quantité : tous ces

fucs font à-peu-près de la même nature ; ils reffemblent à la falive ; elle
eft très-fufceptible de fermentation. Les
alimens, qui ne font que des gelées animales ou végétales, font auffi dans le
cas de fermenter avec beaucoup de
facilité : tout ce mélange fe trouvant
dans l'eftomac dans un degré de chaleur confidérable, broyé, balotté par
le mouvement périftaltique de ce vifcère, entre effectivement en fermentation ; il fe gonfle ; l'air, foit fixe,
foit inflammable, fe dégage ; l'eftomac
fe tend & fe bourfouffle, le diaphragme eft refoulé, la refpiration devient
haute ; le fang, par la compreffion des
vaiffeaux inférieurs, fe porte au cerveau
& amène le fommeil ; les alimens
commencent à changer de nature ; la
maffe prend une feule couleur, devient
grifâtre, par le mélange de l'air, &
porte alors le nom de *chyle*.

Tel eft le mécanifme de la digef-
tion. On a voulu l'attribuer au feul
broiement de la part des membranes
de l'eftomac ; d'autres à un ferment
affez actif pour diffoudre les alimens.
Ce ferment diffoudroit l'eftomac lui-
même, & les membranes de ce vifcère
n'ont point affez de force pour écrafer
& réduire ainfi en pâte, les alimens,

comme pourroient faire des meules.
Réuniffons donc ces deux caufes, en
les réduifant chacune à ce dont elles
font capables.

DU CHYLE.

LE chyle paffe de l'eftomac dans le
duodenum, où il reçoit deux liqueurs
très-abondantes; l'une eft le fuc pancréatique, qui eft à peu près de la nature
de la falive; & l'autre eft la bile,
qui eft beaucoup plus active & plus
âcre. Le duodenum a, ainfi que l'eftomac, un mouvement périftaltique qui
broie & mélange le chyle avec ces
deux nouvelles liqueurs; très-fermen-
tefcibles elles-mêmes, elles augmenteront la fermentation du chyle, le ren-
dront plus liquide, plus blanc, ou pour
mieux dire grisâtre : cette couleur
eft due, comme celle de l'émulfion, à
une portion huileufe qui eft dégagée,
& a beaucoup d'air.

Le chyle eft donc compofé d'une
partie aqueufe chargée d'une portion
faline qu'on appelle fucre de lait, d'un
mucilage particulier appelé partie cafeufe, & d'une huile rendue mifcible
à l'eau & au mucilage par un acide,

qui donne la partie butireuſe : il contient de plus une grande quantité de
différens airs, d'air élaſtique, d'air fixe
& d'air inflammable qui lui donnent
cette couleur d'un blanc mat ; de phlogiſtique, de feu électrique, de la lumière, & beaucoup de feu. On retrouve tous ces principes dans les gelées végétales qui fourniſſent la nourriture aux animaux ; la fermentation
digeſtive les décompoſe, les élabore,
& va leur faire acquérir de nouvelles
qualités ; elles ont déja été altérées
par les différentes liqueurs animales qui
s'y ſont mêlées, la ſalive, les ſucs gaſ-
trique, pancréatique, inteſtinal, la
bile, & ſur-tout l'eſprit nerveux lui-
même, que les tuniques veloutées de
ces parties y verſent en quantité. Il y
a auſſi de l'eſprit ſéminal ; elles commencent à s'animaliſer elles-mêmes :
la chaleur intérieure développera de plus
en plus la fermentation qui va encore
augmenter, lorſque cette liqueur ſe
mêlera avec le ſang dans le torrent de
la circulation.

Du duodenum toute cette pâtée
paſſe dans le jejunum, l'ileum & le
colon, toujours chaſſée par le mouvement périſtaltique des inteſtins ; ils ſe
trouvent tous garnis de petites ouver-

tures latérales qui font les embouchures
des veines lactées du premier genre :
la partie la plus liquide, le chyle enfile
ces vaiffeaux dans le temps que l'inteftin eft relâché ; & lorfqu'il vient à
fe contracter, l'ouverture de la petite
veine fe trouve fermée, & le chile
eft obligé de couler dans le méfentère.
Ces vaiffeaux lactés font beaucoup plus
abondans dans les inteftins grêles que
dans les gros ; elles coulent quelques
inftans entre les tuniques de l'inteftin
qui les comprime dans fes contractions ;
de là elles vont, ferpentant entre les duplicatures du méfentère & méfocolon,
fe rendre à des glandes dites également
lactées ; plufieurs aboutiffent à la même
glande, qui reçoit également un grand
nombre de vaiffeaux lymphatiques &
de fuc nerveux. Cette lymphe, cet
efprit, fe mêlent au chyle qui enfile
de nouveaux vaiffeaux lactés plus confidérables & moins nombreux, & va
fe rendre encore à de nouvelles glandes : la même chofe fe paffe ici que
dans les premiers ; plufieurs veines lactées fe réuniffent à la même glande ;
des vaiffeaux lymphatiques, des nerfs
y aboutiffent également. Enfin, le chile
part de ces glandes par des vaiffeaux

plus gros & moins nombreux , pour
se rendre à une seule glande assez grosse ,
qu'on appelle le réservoir de Pequet ,
qui reçoit également beaucoup de lymphe & d'esprit nerveux : c'est-là le
principe du canal thorachique , qui ,
montant le long de l'épine , va porter
le chyle dans la veine azygos , d'où il
passe dans la sous-clavière , la veine
cave , & enfin arrive au cœur. Il va
subir une nouvelle fermentation &
changer entiérement de nature : dans
ce moment il n'est qu'un corps muqueux
végétal , (en supposant que l'animal
n'ait mangé que des végétaux ,) uni
aux différens sucs digestifs , & sur-tout
à beaucoup d'esprit nerveux. Il faut que
cet esprit lui soit d'une grande utilité ,
car la nature a mis dans les nerfs de
ces parties une espèce de profusion qui
ne lui étoit nécessaire qu'à cet effet.
L'air , que nous avons vu se dégager si
abondamment dans la digestion , s'y
unit aussi en partie : l'air fixe s'y combine avec partie d'air inflammable ;
l'autre portion se mêle simplement avec
lui , ainsi que l'air élastique ; & le sur-
plus de ces airs est expulsé avec les
fèces.

Cette fermentation commence par
être spiritueuse ; le chyle est de la na-

ture du lait , ou plutôt le lait n'est que
le chyle : or , le lait est susceptible de
fermentation spiritueuse , & donne des
esprits ardens : certains peuples font
ainsi fermenter le lait de leurs trou-
peaux , & en font leurs boissons. Cette
fermentation , continuée trop long-
temps , passera à l'acide où elle s'ar-
rêtera , pour arriver bientôt à la putride ; & dans ce cas elle détruira les
esprits ardens , les huiles éthérées qu'elle
avoit formés dans le principe : ainsi
que la fermentation acide du vin , ou
la putride lorsqu'il se décompose ou
se moisit , détruisent entiérement l'esprit ardent, & on ne retrouve plus
d'esprit de vin.

DU SANG.

LE chyle , parvenu dans le torrent de
la circulation , est aussitôt envoyé dans
le poumon, où il est divisé , atténué
dans toutes les ramifications de l'artère
pulmonaire : il y éprouve l'action élastique de l'air atmosphérique à travers
le tissu des bronches; & la portion
d'air fixe qui pénètre le tissu des lobules , s'unit à lui : revenu au cœur ,

il eſt chaſſé dans tout le corps. Sa na
ture n'eſt point encore changée ; une
partie va ſe dépoſer dans les mamel
les , ſur-tout chez les femelles encein
tes ou allaitant , & une autre dans le
tiſſu de la matrice.

Dans le même temps, la graiſſe & le
ſuc médullaire des os s'en ſéparent ſans
être animaliſés : c'eſt une portion de
cette huile qui donnoit le blanc au
chyle ; une grande quantité d'acide s'u
nit à elle , & lui donne la conſiſtance
qu'a la graiſſe ; l'autre portion de cette
même huile demeure dans la maſſe.

Le chyle, ſe trouvant ainſi mêlé avec
le ſang qui fermente beaucoup, conti
nue ſa fermentation ſpiritueuſe , & la
chaleur animale la favoriſe ; les prin
cipes végétaux du corps muqueux vont
être dénaturés : la portion d'acide qui
ne demeure pas dépoſée avec le lait,
ou la graiſſe, eſt changée en principe
ſalin animal ; le ſucre du petit-lait
diſparoît ; la partie caſeuſe eſt élabo
rée , affinée , & donne la partie glu
tineuſe de la lymphe qui forme le cail
lot ; la portion gélatineuſe eſt formée
par la gelée ou corps muqueux végétal ;
enfin, la partie burineuſe donne d'un
côté la graiſſe & la moëlle qui ſont à

peine altérées, de l'autre une huile atténuée qui reste mélangée avec le sang & la lymphe ; une troisième portion est invertie en esprit ardent, en huile éthérée, pour former l'esprit nerveux & l'esprit féminal : ce font ces esprits, fur-tout le nerveux, qu'on reconnoît dans le fang qu'on vient de tirer, comme une vapeur fade trèsvolatile, & qui fe diffipe promptement ; il y est affez abondant pour que fon évaporation diminue fenfiblement le poids du fang.

Le fang, à la diftillation à feu nu, donne d'abord du phlegme, enfuite une huile légère, enfin de l'alkali volatil ; il s'en dégage auffi beaucoup d'air : le charbon contient de la terre abforbante, du fer, & différens principes falins. Mais ces analyfes par le feu font très-imparfaites ; tous les principes font confondus. Nous en allons trouver bien d'autres par la criftallifation & la décompofition.

1°. La première partie qui fe préfente est une férofité imprégnée d'un principe animal non faififfable, à caufe de fa grande volatilité, qui est vraifemblablement l'efprit nerveux, & d'une partie muqueufe.

2°. Une lymphe qui est de trois espèces ; l'une est gélatineuse & soluble à l'eau ; elle paroît être le corps muqueux végétal dont l'acide a disparu en plus grande partie, pour faire place au principe salin animal : je dis en partie, parce qu'il en reste encore. La gelée animale aigrit avant de passer à la putréfaction. Une autre portion de cette même lymphe est insoluble à l'eau & à l'esprit de vin ; c'est elle qui donne le caillot du sang ; elle forme le tissu cellulaire chez les animaux : la soie est de cette nature ; son insolubilité lui vient sans doute d'une grande quantité d'huile qu'elle contient, savoir, l'huile nervale & l'huile séminale, & d'une portion de terre. Une troisième partie de cette lymphe paroît saline, quoique vraiment lymphatique ; elle est soluble à l'eau & à l'esprit de vin, & néanmoins fermente comme tous les corps lymphatiques ; le sucre de lait, la partie extractive de l'urine, sont de cette nature.

3°. Une portion grasse huileuse, qui est la graisse dans laquelle l'acide se conserve.

4°. Une partie ferrugineuse. Le fer se trouve par-tout dans la nature ; il est très-abondant dans le sang : on

l'eftime à deux gros par livre de matière globuleufe chez l'homme ; &, en
admettant treize livres de cette matière
globuleufe, comme l'eftiment les Phy-
fiologiftes, on aura trois onces deux
gros de fer. Il paroît que c'eft au fer
qu'eft due la couleur du fang, celle de
la bile & de nos autres liqueurs : on
lui attribue celle des fleurs, des fruits,
& de toutes les liqueurs végétales.
M. Menghini a prouvé cette vérité
par des expériences très-ingénieufes :
il a fait voir que la partie rouge du fang
contient beaucoup plus de fer que les
autres, & que fa rougeur augmente
en raifon de la quantité du fer. Mais
qu'eft-ce qui exalte ainfi le fer pour
donner la couleur rouge au fang ? Il
eft vrai que l'ocre jaune devient rouge
au feu, mais il faut qu'il foit violent : cependant il ne paroît pas qu'on
puiffe douter que ce foit la chaleur
animale qui développe en lui cette couleur. La chaleur du foleil rougit les
fruits ; les animaux chez qui la circulation eft lente, comme les coquillages, n'ont point de fang rouge. Dans
les pâles-couleurs & toutes les maladies féreufes, où la circulation eft très-
ralentie, le fang eft finguliérement dé-

coloré: la lymphe, dont le mouvement est très-lent, n'est que jaunâtre; la bile l'est un peu davantage; enfin, le sang est rouge. Dans l'œuf, dès les premiers jours de l'incubation, on apperçoit des points rouges; ce ne peut être que l'effet de la chaleur. Différentes caufes peuvent coopérer avec la chaleur: de l'alkali volatil mêlé au sang nouvellement tiré, avive fa couleur; l'air fixe fait le même effet; il donne un beau rouge à du sang noirâtre: peut-être le gaz nitreux y eft-il pour quelque chofe. Le fer paroît d'un grand ufage dans l'économie animale; il donne de la confiftance à la fibre: plus il y a de parties rouges dans le fang, plus la fibre eft folide; mais il faut que ce fer foit élaboré au point de donner la couleur rouge: dans les pâles-couleurs, où le fang eft décoloré, la fibre eft lâche. Il eft apporté chez l'animal par les alimens; tous les végétaux en contiennent beaucoup, & il paffe avec le chyle.

5°. Le fang contient beaucoup de différens fels; 1°. l'alkali végétal qu'on trouve dans le lait; 2°. de l'alkali minéral ou natrum, qui eft dans toutes les liqueurs; 3°. du fel marin; 4°. le

fel

sel fébrifuge de Sylvius ; 5°. du sel ammoniac ; 6°. le double sel fusible , l'un à base de natrum , l'autre à base d'alkali volatil ; 7°. du sel de Glauber ; 8°. le principe salin animal. La plupart de ces sels peuvent être regardés comme le produit des forces vitales. L'alkali végétal & le natrum ne se trouvent point, ou en très-petite quantité dans nos alimens ; le sel marin , dont nous faisons beaucoup d'usage, est détruit en partie, car il ne paroît point en même quantité dans les analyses. Le sel fébrifuge pourroit être un produit de la décomposition du sel marin : son acide s'uniroit à l'alkali fixe ordinaire, qu'on retrouve dans le lait ; mais il y a du sel fébrifuge chez les animaux qui n'usent pas de sel marin. Les bases du sel fusible sont le natrum dont nous avons parlé, & l'alkali volatil ; pour son acide , la plupart des Chimistes le regardent comme propre aux plantes crucifères & aux animaux.

Mais le principe salin qui paroît plus spécialement attaché aux animaux, est celui que nous appelons principe animal. Chez les végétaux tout est acide ; chez l'animal on n'en trouve presque plus ; on ne trouve que le principe dont

K

noūs parlons, qui par le feu devie
alkali volatil. Cet alkali volatil parc
le dernier produit des ouvrages de
nature ; elle le forme dans tous
compoſés les plus parfaits, chez
animaux, chez les plantes crucifère
dans les gommes, &c. ; mais il n'e
pas encore bien décidé s'il a toutes
qualités, & qu'il ne ſoit qu'enchaî
dans des portions huileuſes qui l'emp
chent de ſe montrer, ou, s'il lui ma
que encore quelque choſe, que le f
ou la fermentation putride développe
Il eſt certain qu'il exiſte chez l'anim
de l'alkali volatil ; nous le trouvons da
le ſel fuſible & le ſel ammoniac.

6°. Le ſang contient encore
double principe terreux ; l'un abſo
bant, qui entre dans la compoſiti
de la lymphe & des chairs ; & l'au
calcaire, qui conſtitue les os : c'eſt
terre végétale, à laquelle les forces
tales incorporent de l'air fixe, de
cide phoſphorique, peut-être du
trum & du feu.

7°. L'air eſt un des principes
plus abondans du ſang : il paroît y ê
ſous trois états différens, comme fix
comme inflammable, & comme éla
tique : une portion y eſt apportée

le chyle ; l'aître y pénètre par le tiffu du poumon & par les pores abforbans de la peau. Nous ne répéterons pas ce que nous avons dit fur les effets qu'opèrent ces airs dans l'économie animale ; l'air élaftique & l'air fixe, après avoir rempli les vues de la nature, fe chargent du phlogiftique furabondant, font invertis en air inflammable, & enfuite expulfés par le poumon & la tranfpiration.

8°. Le phlogiftique paroît auffi très-abondant dans le fang : il eft fans doute d'une très-grande utilité dans l'économie animale, puifque la nature le produit en fi grande quantité ; elle le dégage des fucs nourriciers qu'elle décompofe, & des différentes efpèces d'air qui fe trouvent dans les liqueurs ; peut-être eft-ce la lumière elle-même qu'elle fixe & combine avec les autres principes. Nous avons vu combien la lumière eft néceffaire aux animaux pour donner de l'énergie à leurs liqueurs & de la folidité à leurs fibres. Les malheureux qui gémiffent dans les cachots & ne voient jamais le jour, ont la fibre molle, fans confiftance, & leurs liqueurs font fans activité. Peut-être eft-ce le même défaut d'être expofé

K ij

au grand air, qui, chez les habitar
des grandes villes, rend la fibre ſi molle
ſur-tout chez les femmes, qui ſorter
peu au grand air. Le phlogiſtique e
donc néceſſaire pour donner de la cor
ſiſtance à la fibre ; mais, lorſqu'il e
ſurabondant, il devient nuiſible : pol
lors la nature l'unit aux différens airs
& s'en débarraſſe par les ſécrétions.

9°. Enfin, le fluide électrique qu
ne paroît que l'air phlogiſtiqué, e
auſſi en grande quantité dans le ſang
& doit y produire des effets analogu
à ceux du phlogiſtique. Peut-être l
fluide magnétique, qui a de ſi gran
rapports avec l'électrique, s'y trouy
t-il également.

Telles ſont les connoiſſances q
nous avons ſur la nature du ſang : c'e
une lymphe plus fine, plus déliée,
qui fermente avec plus de facilité q
la lymphe végétale ; les principes
ſont plus élaborés, & ils le ſeront d'a
tant plus, que les forces vitales ſero
plus conſidérables ; c'eſt par ce trav
qu'elle ſera animaliſée : mais ſi ll
forces ont trop d'activité, & que
chyle végétal ne vienne pas la reno
veler, bientôt elle ſe trouvera tr
animaliſée, & paſſera de la fermen

tion spiritueuse à la putride : au contraire, ces forces n'ont-elles point assez d'énergie, la nature ne pourra animaliser le chyle, l'assimiler aux liqueurs animales ; il se trouvera hétérogène, & troublera les fonctions.

Le chyle est donc changé en sang par l'action des forces vitales, la fermentation & la chaleur animale. Nous ne savons comment s'opère ce changement ; la fermentation décompose les corps qui sont soumis à son action, & en forme de nouveaux composés.

Indépendamment de tous les principes que nous avons dit que le sang contient, toute les humeurs sécrétoires s'y trouvent aussi mêlées, les sucs salivaires, la bile, l'urine, les esprits animaux & séminal, &c. Ces liqueurs sont également le produit des forces vitales ; la chaleur & la fermentation animale les développent, comme la fermentation du raisin donne tous les produits du vin : elles n'ont pas encore toutes leurs qualités, qu'elles n'acquerront que dans les organes sécrétoires.

DES SÉCRÉTIONS.

LE mécanisme qui opère la sépara-
tion des différentes sécrétions de la
masse totale, a toujours été enveloppé
de beaucoup d'obscurité : on a inventé
bien des systêmes pour l'expliquer ;
pour moi je crois que c'est par la lo
des affinités chimiques , *simile simil*
gaudet. Dans une bassine où il y a différens sels , chacun cristallise à part ,
là le marin , ici le nitre , ailleurs le
tartre vitriolé , &c. ; de même toute
les humeurs sécrétoires sont contenues
& mélangées dans le sang , savoir , le
suc osseux , la lymphe nourricière , la
synovie , l'esprit nerveux & séminal ,
la salive , la bile , l'urine , &c. ; elle
iront se déposer vers leurs parties analogues ; le suc osseux dans les os , la
synovie aux articulations , la bile au
foie , la semence aux testicules , l'esprit nerveux au cerveau , la salive au
glandes salivaires , &c. : ce sera par la
même force qui fait cristalliser chacun
part les différens sels dont nous venon
de parler. C'est la même cause qui
forme le fœtus ; la même le nourrit

& la même opère les différentes sécrétions. Nous ferons voir un jour que
c'est encore la même cause qui fixe
les différens virus sur telle ou telle
partie, par exemple, la goutte aux
articulations, le virus vénérien aux
parties sexuelles & à la gorge, &c.
La même force détermine l'action des
différens spécifiques sur les différens
viscères, suivant leurs rapports respectifs.

Dans la formation du fœtus, chaque
viscère, chaque partie se trouve imbue
de l'humeur qu'elle doit filtrer ; le
cerveau l'est d'esprit nerveux. Les pores
biliaires contiennent de la bile : M.
Winslow en a trouvé dans le foie d'un
enfant nouvellement formé. Les glandes salivaires sont pleines de salive, &c.
Les sécrétions ainsi commencées, se
continueront dans le même ordre.

Je sens bien qu'on peut faire plusieurs difficultés à cet égard : on aura
peut-être de la peine à admettre que
toutes les humeurs sécrétoires se trouvent formées dans la masse ; cependant
il me paroîtroit difficile de soutenir le
contraire. Lorsque le foie est obstrué,
la bile ne pouvant plus être séparée
demeure dans le sang, & donne une

couleur jaune à toutes les parties ; fi
elle fe formoit dans ce vifcère, il n'y
auroit point de jauniffe, puifqu'il n'y
auroit point de bile : de même, lorfqu'il
y a embarras dans les reins, & que
l'urine ne peut couler, elle eft refoulée
dans le fang ; d'ailleurs cette urine qui
ne fait que paffer dans le rein, pour-
roit-elle former en auffi peu de temps
le fel fufible & tous les autres qu'on
y trouve ?

On dira peut-être que les tefticules
ne contenant point de femence chez
le fœtus même dans l'enfance, rien ne
peut l'y attirer à l'âge de puberté. A
la vérité il n'y a point de vraie femence
avant un certain âge dans les tefticules,
mais il y a toujours une humeur analogue, qui avec l'âge prend peu à peu
de la confiftance, & finit par être de
la vraie femence.

On objecte encore l'exemple de la
bile refluant dans toutes les parties lors
de la jauniffe, & qui cependant ne
fe portera plus qu'au foie lorfqu'il fera
guéri. La même chofe arrive dans la
criftallifation des fels ; fi la liqueur eft
un peu agitée, tout fe confondra
jufqu'à ce que la liqueur ait repris fon
calme, & pour lors tout fe paffera
comme auparavant.

Au reste, je ne nierai point l'action de toutes les caufes qu'on admet communément, la ftructure différente des organes, la circulation qui y fera plus ou moins prompte ; mais je ne les regarde que comme acceffoires, & la principale eft celle que j'affigne.

Une partie des fécrétions eft repompée dans la maffe, & fert peut-être à en développer de nouvelles ; l'autre féjourne plus ou moins de temps, fuivant l'ufage qu'en veut faire la nature : elle acquiert par ce féjour de nouvelles qualités qu'elle n'avoit pas. La femence arrivant des tefticules eft claire, délayée ; elle prend de la confiftance dans les véficules féminaires, & acquiert une énergie très-confidérable : c'eft pourquoi la caftration ôte prefque tous les fignes de virilité, parce que la femence, quoique contenue dans la maffe, n'a pas cette activité qu'elle auroit acquife dans les tefticules & dans les véficules féminaires, & ne peut par conféquent produire les effets que produit celle-ci lorfqu'elle eft repompée : par la même raifon, cet efprit n'aura jamais les qualités qu'il doit avoir, chez ceux qui en font une trop grande déperdition, & ne la laiffent point féjourner affez de temps dans les organes ſécrétoires ; mais cette activité ſera portée trop loin ſi ces liqueurs ſécrétoires ſéjournent trop de temps dans leurs réſervoirs. La bile demeurant trop dans la véſicule, prend une âcreté étonnante ; la même choſe arrive aux ſucs gaſtriques , à l'urine , &c. L'analogie porte à croire qu'il en eſt de même pour la ſemence & le ſuc nerveux : ces eſprits acquièrent trop d'activité, d'où naît le beſoin preſ-ſant de les évacuer ; c'eſt ce qui conſ-titue les beſoins : le beſoin d'évacuer l'urine ſera d'autant plus vif, qu'il y en aura une plus grande quantité dans la veſſie , que la veſſie ſera plus ſenſible & l'urine plus âcre ; & il ſe renouvel-lera d'autant plus ſouvent, que l'urine ſe filtrera plus abondamment.

Les ſécrétions ſeront d'autant plus abondantes, que la maſſe des liqueurs ſe portera en plus grande quantité vers les organes qui les filtrent. Sont-elles déterminées vers les reins ? l'u-rine coulera plus abondamment. Si c'eſt vers les glandes ſalivaires, la ſa-live ſe filtrera en plus grande quanti-té. Enfin, la ſemence ſera plus co-pieuſe, ſi elles ſe portent aux organes de la génération. Tout ce qui déter-

minéra donc les liqueurs vers un vifcère, occafionnera une plus ample
fécrétion de l'humeur qu'il filtre ; c'eft
ce que fait fouvent l'imagination exaltée. Le defir de fatisfaire un befoin
quelconque, de fe procurer une fenfation agréable, fait porter le fang à
l'organe qui doit être affecté ; il filtre
une plus grande quantité de fucs, &
ce fuc coule en partie, & en partie
rentre dans le torrent de la circulation, où il va fe mêler avec les autres liqueurs, comme nous favons que
font toutes les liqueurs fécrétoires.

Les folides éprouvent auffi des efpèces de fécrétions ; la viteffe des liqueurs qui circulent, détache fans
ceffe des parties que les forces vitales y avoient dépofées ; elles font rem-
placées par de nouvelles, que la lymphe y apporte : il arrive quelquefois
qu'il y en a plus de détachées qu'il
n'en n'eft de rapportées, comme dans
les confomptions ; auffi, dans ce cas,
le corps fe fond, les plus gros mufcles font réduits prefque à la fibre élé-
mentaire, au fimple tiffu cellulaire ;
ce font eux qui perdent le plus, parce qu'ils contiennent des parties géla-
tineufes dans leur tiffu cellulaire, au

lieu que les viscères en contenant peu,
ne perdent rien ; souvent au contraire
ils grossissent, parce qu'ils s'obstruent.
Les muscles prendront aussi du volume
par une autre cause, s'il se dépose
plus de parties lymphatiques qu'il
n'en est d'emportées.

DU LAIT.

LE lait est la première sécrétion que
fasse la nature ; c'est du chyle tout
pur, animalisé seulement par le mélange de quelque liqueur animale : ce
pourroit être de la lymphe & de l'esprit nerveux. Le lait abonde en acide,
& on n'y trouve que peu d'alkali
volatil. Il seroit curieux de savoir si
le lait des animaux qui ne vivent que
de chair, tels que le lion & le tigre,
contient de l'acide. La sécrétion du
lait commence à se faire immédiatement après la digestion, & elle con-
tinue encore plus de douze heures après
avoir mangé ; dans ce moment il a
déja circulé un grand nombre de fois
dans toute l'habitude du corps ; car le
cœur envoie deux onces de sang environ à chaque sistole ; en en comptant

70 par minute, ce sera 140 onces ou 9 livres : ainsi, en estimant 50 livres de sang, il circulera tout en six minutes, ce qui prouve qu'il faut beaucoup de temps au chyle pour s'animaliser & s'invertir en sang.

Le lait est composé de trois parties, la séreuse, la butireuse, & la caseuse. La séreuse est une eau limpide, transparente, chargée néanmoins de différens principes; elle contient, 1º. une très-petite quantité d'alkali fixe; 2º. du sel fébrifuge de Silvius; 3º. une partie extractive; 4º. un peu de corps muqueux; 5º. enfin, le sel de lait, qui est la partie la plus épurée du corps muqueux qui cristallise : ce sel ne diffère en rien du sucre candi, & est soluble comme lui à l'esprit de vin.

La partie caseuse approche si fort, dit M. Rouelle, de la matière glutineuse ou végéto-animale qu'on extrait du froment, que cette partie glutineuse a presque l'odeur du fromage; comme lui elle est insoluble à l'eau : elle donne à l'analyse des produits animaux, savoir, de l'alkali volatil & de l'huile légère, tandis que l'autre portion du froment, la partie amilacée, donne de l'acide & de

l'huile pesante, comme les végétau
Cette partie végéto-animale du fr
ment, & la caseuse, donneront la p
tie glutineuse de la lymphe animal
dont est formé le tissu cellulaire, i
soluble comme elle à l'eau.

Enfin la partie butireuse est u
huile figée par un acide, une espè
de savon végétal acide, mais da
lequel l'huile domine beaucoup, c'
ce qui la rend insoluble à l'eau : c'
cette partie qui, comme nous l'avo
dit, donne la graisse & le suc m
dullaire.

Le lait étant presque tout végéta
cependant un peu animalisé, donn
ra à l'analyse par le feu, des produ
semblables à ceux des animaux
des végétaux : on en tire de l'ea
de l'air, & deux espèces d'huile, u
pesante & une légère, & de l'alk
volatil; son charbon lessivé donne
l'alkali végétal, du sel fébrifuge,
de la terre absorbante. Vingt-ci
pintes de lait brûlé, ont donné
gros 48 grains de sel, dont de
gros d'alkali végétal, & le réste
sel fébrifuge. Il est singulier que
lait soit la seule liqueur animale c
contienne de l'alkali végétal, tan

que toutes les autres ne contiennent que du natrum : l'urine, la bile, la falive, &c. ne donnent que de l'alkali minéral, & point de végétal ; cependant elles contiennent du fel fébrifuge dont la bafe eft cet alkali.

Le lait contient donc à peu près les mêmes principes que les végétaux ; la partie muqueufe du petit-lait, foluble dans l'eau, répond à l'amidon, ou partie muqueufe des végétaux : la partie cafeufe répond à la partie végéto-animale ou glutineufe du froment, infoluble dans l'eau : la partie butireufe n'eft qu'une efpèce d'huile végétale ; & la férofité du lait eft, comme le flegme des végétaux, chargée de différens fels ; enfin le fucre de lait, qui eft une troifième efpèce de corps muqueux foluble à l'eau & à l'efprit de vin, répond au fucre végétal que donne en abondance la canne à fucre, mais que l'on retire également de la plupart des autres végétaux.

Une autre reffemblance qu'a le lait avec les végétaux, eft la fermentation dont il eft fufceptible ; il fubit la fpiritueufe, & donne une liqueur vraiment fpiritueufe, dont les Tartares font une grande confommation : ils

l'appellent *arack*, & ils en retirent
huiles éthérées ou efprits ardens.

Le lait éprouvera, ainfi que le chy
dans le torrent de la circulation,
même fermentation fpiritueufe, p
donner les huiles éthérées animal
de là il paffera à l'acide où il s'arrêt
peu, & dégénérera en putride, fi
nouveaux principes ne viennent en
rêter les progrès.

DE LA GRAISSE.

LA graiffe eft une fubftance huilé
figée par un acide ; elle eft plus ou mo
ferme chez les différens animaux : ce
du mouton a une confiftance furp
nante, & chez les poiffons elle eft p
que toute huileufe. Par la diftillation
en retire de l'huile, de l'acide, & u
grande quantité d'air fixe : un po
cubique d'huile d'olives a donné
Hales 88 pouces d'air fixe. En ré
tant les diftillations, cette huile
quiert de la volatilité, devient ext
mement pénétrante, & demeure t
jours fluide ; elle prend pour lors
caractère des huiles effentielles des pl
tes, qui font très-actives, très-volatil

& ne perdent jamais leur liquidité.

La graisse n'est encore nullement animalisée ; elle donne toujours de l'acide & jamais d'alkali volatil lorsqu'elle est bien nettoyée de tout tissu cellulaire : l'huile au contraire qu'on retire de la distillation des chairs ou des liqueurs, est vraiment animalisée ; on n'y trouve point d'acide, mais seulement de l'alkali volatil ; elle est très-légère & extrêmement pénétrante : c'est avec cette huile qu'on fait l'huile animale de Dippel ; on se sert ordinairement de celle qu'on tire de la corne de cerf. L'acide microscomique y est encore masqué : beaucoup de chimistes le soupçonnent dans l'huile de Dippel ; ils y reconnoissent aussi du natrum, parce qu'elle verdit le sirop violat. Il paroît que la grande différence qui subsiste entre les diverses espèces d'huile, vient de l'air fixe : de l'huile très-douce, pesante & sans volatilité, telle que l'huile d'olives, en la privant d'air fixe, devient légère, volatile, pénétrante, âcre & caustique ; & en lui rendant de l'air fixe, on lui rend toutes ces premières qualités.

La graisse est donc une huile purement végétale, figée par un acide

ainſi que le beurre, & qui ſe dépoſe
dans les mailles du tiſſu cellulaire, ſur-
tout dans l'omentum, le méſentère,
autour des reins, & dans l'interſtice
de tous les muſcles. La nature ne la
dépoſe ainſi que lorſqu'elle a du ſurabondant : elle emploie pour lors de
préférence la gelée, la lymphe animale, & relègue au loin une partie
de la matière huileuſe, ſans même ſe
donner la peine de l'élaborer ni de l'a-
nimaliſer ; elle travaille le reſte de cette
huile, & s'en ſert pour compoſer la
lymphe dans laquelle elle entre comme
principe : c'eſt par la fermentation.
L'huile d'olives, mêlée à une matière
qui fermente, ſe change preſque
toute en eſprit ardent. Les forces vitales peuvent donc invertir une partie
de l'huile, du chyle, en eſprit animal
& ſéminal, & animaliſer l'autre pour
la rendre propre à entrer comme principe dans la lymphe.

La partie qui ne ſera pas travaillée,
la graiſſe, ſera emmagaſinée pour le
beſoin ; en cas d'abſtinence ou de maladie, la nature reprend toute cette
graiſſe, la fait rentrer dans le torrent
de la circulation, l'élabore & l'emploie
à la nourriture ; elle l'animaliſe pour

lors : l'acide eft détruit, & eft changé partie en acide phofphorique, partie en principe falin animal : cependant, chez les animaux chez qui la graiffe a trop de confiftance, comme chez le mouton, elle a de la peine à reprendre les voies de la circulation, & un mouton bien gras périt prefque toujours.

La graiffe eft la feconde fécrétion que fait la nature ; elle eft purement végétale comme le lait : c'eft fans doute par affinité qu'elle fe dépofe dans les mailles du tiffu cellulaire. La nature l'a logée en grande maffe dans l'abdomen, où, loin de gêner, elle lubréfie tous les vifcères qui y font contenus.

DE LA MOELLE.

C'EST une vraie graiffe végétale, abondante en acide, que la nature dépofe dans le tiffu réticulaire & fpongieux de tous les os, & fur-tout dans leurs grandes cavités ; fans doute c'eft pour entretenir la foupleffe de ces parties trop roides, fans en diminuer la folidité.

DE LA LYMPHE.

LA lymphe ne diffère guères de la
partie lymphatique du ſang ; elle peut
avoir quelques propriétés nouvelles
parce que toutes les liqueurs qui ſon
ſéparées de la maſſe , en acquièren
toujours dans leurs vaiſſeaux particuliers ; elle eſt un peu plus affinée , plu
déliée , que lorſqu'elle circuloit dan
le ſang ; & , en s'en ſéparant , elle
été vivifiée par les eſprits animal &
ſéminal, qui lui ont encore donné beaucoup de qualités.

Cette lymphe eſt , comme nous l'a-
vons dit , de pluſieurs eſpèces ; l'une
eſt glutineuſe & inſoluble à l'eau
ſemblable à la partie végéto-animale
du froment ; c'eſt-elle qu'on appelle
la coenne du ſang ou ſa partie fibreuſe ;
elle augmente dans l'inflammation, parce que les forces vitales ont plus d'é-
nergie , & en forment une quantité plus
conſidérable : il paroît donc qu'elle
doit être d'autant plus abondante , que
ces forces ſont plus puiſſantes. La nature l'emploie pour former le tiſſu cellulaire ; ſon inſolubilité dans tous les
menſtrues la rend propre à cet uſage,

parce que par-là ce tiſſu a toute la ſolidité poſſible. Les inſectes en font auſſi
leur ſoie : rien ne diſſout la ſoie ni le
tiſſu cellulaire ; & puiſque cette eſpèce
de lymphe eſt d'autant plus abondante
que les forces vitales ſont plus actives,
ceſſons donc d'être ſurpris que pour
lors le tiſſu cellulaire & les ſolides aient
plus de conſiſtance. Cette lymphe , au
lieu de ſe diſſoudre dans l'eau bouil-
lante, s'y durcit ; tels ſont le criſtallin,
le corps vitré, le blanc d'œuf, &c.
& le caillot du ſang.

La ſeconde eſpèce de lymphe eſt
gélatineuſe ; elle répond à la gelée végétale, à laquelle elle reſſemble beaucoup : elle eſt ſoluble à l'eau, prend
cependant une certaine conſiſtance lorſqu'elle n'eſt pas trop délayée , enfin
elle eſt tremblante comme celle-ci. Une
belle gelée animale approche aſſez d'une
gelée végétale , par exemple de celle
de groſeille ; mais elle en diffère en ce
qu'elle eſt animaliſée : elle ne donne
que de l'alkali volatil, & preſque point
d'acide. Elle eſt dépoſée dans les mailles du tiſſu cellulaire des muſcles, des
os, des viſcères ; mais elle y adhère
peu, & s'en détache facilement.

La troiſième eſpèce eſt la ſaline ; le

ſel de lait eſt de cette nature, ainſi que
la matière ſavonneuſe de l'urine : elle
ſe rapproche beaucoup du ſucre candi
Nous ignorons encore ſon uſage dans
l'économie animale ; elle eſt ſoluble
l'eau, à l'eſprit de vin, & fermente
comme toutes les autres ; peut-être
change-t-elle en eſprit ardent dans l
fermentation du lait & du chyle.

La lymphe animale diffère donc for
peu de la végétale ; les gommes mê
mes en approchent beaucoup : à la diſ
tillation elles donnent un peu d'alka
volatil ; elles ont preſque la fineſſe &
la ſubtilité des gelées animales.

Pour remplir toutes les fonctions qu
la lymphe dans l'économie animale,
faut qu'elle circule : auſſi la nature a-t-ell
établi un ordre de vaiſſeaux pour elle
nous ne les connoiſſons bien que dans l
méſentère ; ils ſont pleins de nœuds
on ſoupçonne qu'à chaque nœud il
a une valvulve : ces vaiſſeaux ne ſon
pas longs ; ils ſortent ici d'une glande
& bientôt vont ſe rejeter dans un
autre : ils ſont trop fins pour que l
circulation pût s'y ſoutenir long-temp
s'ils avoient été plus longs ; & d'ailleur
leurs forces motrices ne ſont pas conſi
dérables : c'eſt ce qui nous a fait dir

que dans tout le corps, à l'anaſtomoſe des veines & des artères, il ſe trouve des vaiſſeaux lymphatiques qui reçoivent de l'artère la lymphe vivifiée par les eſprits animaux & ſéminal, & bientôt vont la reporter dans une veine, pour en délayer le ſang trop épais, après avoir fourni aux parties ce qui leur étoit néceſſaire. Telle eſt aſſez la marche de la nature dans les vaiſſeaux lymphatiques que nous voyons : ils ſe verſent toujours dans les groſſes veines pour en diviſer le ſang. L'analogie nous fait donc croire que la même choſe ſe paſſe dans les petites.

DE LA SALIVE.

La ſalive eſt le ſuc que filtrent toutes les glandes de la bouche ; il eſt très-copieux. Nous avons dit combien la ſeule glande parotide peut en fournir, puiſque le conduit de Stenon en a donné près de deux onces pendant un repas : il eſt vrai qu'il coule en plus grande quantité pendant la maſtication qu'en d'autres temps.

La ſalive eſt une lymphe animale qui eſt ſoluble à l'eau, & que les fpiritueux coagulent. Comme toutes les autres liqueurs des animaux, elle contient différens fels : le natrum y eft en affez grande abondance ; il y a auffi du fel ammoniac : on peut s'en affurer facilement en mêlant de l'alkali fixe à cette liqueur, il s'y développe auffi-tôt un alkali volatil très-pénétrant ; c'eft un effet de la décompofition du fel ammoniac, dont l'acide s'unit à l'alkali fixe, & laiffe libre l'alkali volatil. Le principe falin animal y eft auffi certainement ; mais il eft mafqué par des parties huileufes, fans cela il s'uniroit à l'acide qui eft affez abondant dans la falive, car c'eft une des liqueurs animales qui aigrit-le plus promptement. On, n'a point encore examiné de quelle nature eft cet acide animal de la falive & de la gelée ; il eft vrai qu'il eft difficile à faifir ; dès qu'on le veut traiter par le feu, il fe change en alkali volatil ; mais on pourroit peut-être le fixer par la voie des combinaifons, & on verroit quel fel il donneroit. La falive contient auffi une terre très-ténue ; vraifemblablement elle eft de la nature des abforbantes, comme celle de toutes les liqueurs. Le fer doit auffi fe trouver dans la salive. Il y a vraisemblablement d'autres sels, peut-être le sel fébrifuge ; mais son analyse est encore bien imparfaite, & n'a pas été suivie avec assez d'exactitude. On dit la salive savonneuse, c'est changer la signification des termes ; elle est une lymphe chargée de différens sels.

Effectivement la salive est un vrai mucus animal qui fermente avec beaucoup de facilité : dans des pays on s'en sert comme de ferment pour faire lever le pain ; elle fait le même effet sur les alimens, dont elle aide singuliérement la fermentation : c'est pourquoi la mastication est si utile pour la digestion, parce que la salive se mêle exactement avec les alimens ; au lieu que, lorsqu'on ne mâche point, elle n'a pas le temps de les pénétrer.

DU SUC GASTRIQUE

ET INTESTINAL.

LE suc gastrique a été encore moins analysé que la salive ; mais il paroît entièrement lui ressembler : il en a la consistance & la nature, & on n'y remar-

L

que aucune différence ; il eſt filtré par les glandes de l'eſtomac , qui ſont de même nature que les glandes ſalivaires ; & enfin il a le même uſage , qui eſt de ſervir à la digeſtion : le mouvement périſtaltique de ce viſcère le mêle intimément aux alimens , comme la maſtication le fait pour la ſalive.

Les inteſtins ſont, comme l'eſtomac, garnis de glandes qui filtrent une humeur entiérement analogue : dans les gros inteſtins cette humeur a plus de conſiſtance , & les enduit pour les préſerver de l'impreſſion que pourroit faire ſur eux l'âcreté des matières fécales : dans les dyſſenteries, on l'apperçoit ſous forme blanchâtre , approchant du blanc d'œuf.

La liqueur que filtrent les glandes œſophagiennes ne doit pas différer de celle-ci.

DU SUC PANCRÉATIQUE.

LE pancréas reſſemble parfaitement aux glandes ſalivaires ; c'eſt la même texture : ainſi l'humeur qu'il filtre doit auſſi être de la même nature que la ſalive. Elle eſt en très-grande quantité,

& vient toute fe rendre dans le duodenum, un peu au deffous de l'infertion
du canal cholédoque. Cette liqueur
aura encore le même ufage que la falive, de délayer de plus en plus le
chyle & aider à fa fermentation : on
lui en foupçonne un particulier, qui
eft de tempérer un peu l'impreffion que
pourroit faire la trop grande activité
de la bile.

DE LA BILE.

LA bile approche beaucoup de la falive, mais elle a plus d'activité :
fon principe d'amertume picotte & irrite vivement ; c'eft une lymphe animale chargée de différens principes ;
elle eft fufceptible de fermentation
comme tous les corps gélatineux : c'eft
pourquoi la bile cyftique eft beaucoup
plus active que l'hépatique ; le féjour qu'elle fait dans la véficule la fait
fermenter & développe fes principes ;
& fi elle féjourne trop de temps, fon
acrimonie vient au point de déchirer
toutes les parties par où elle paffe.

La bile contient 1°. une grande quantité d'eau ; 2°. beaucoup d'huile ; 3°.

de l'alkali marin ; 4°. du ſel marin ;
5°. un ſel ſemblable au ſucre de lait ;
6°. une terre abſorbante ; 7°. du fer ;
8°. une portion lymphatique ſoluble
à l'eau : elle doit auſſi contenir de l'air ;
mais je crois que l'air fixe y eſt en
petite quantité, & que c'eſt la cauſe
qui donne tant d'âcreté au principe
huileux qu'elle contient, & auquel
j'attribue ſon activité & ſon amertume ;
ſes différens ſels, tels que l'alkali marin
& le ſel fébrifuge, peuvent y contribuer, mais très-légérement. La bile
cyſtique ne contient pas une plus grande
quantité de ces ſels que l'hépatique, &
elle eſt infiniment plus mordicante,
parce que le principe huileux a acquis
de l'âcreté. De l'huile d'olives ou d'a-
mandes douces, donnée dans des chaleurs d'entrailles, acquiert ſouvent une
cauſticité prodigieuſe, & brûle le go-
ſier lorſqu'on la revomit. La même
choſe ſe paſſe pour la bile : c'eſt ſa
portion huileuſe qui s'exalte à ce
point-là.

La bile doit être d'une grande utilité dans l'économie animale, car la
nature a fait pour elle un travail tout
particulier ; elle a établi un ordre de
vaiſſeaux uniquement pour cette ſécré-

tion. Tout le sang artériel qui se porte aux inteſtins, au méſentère, à la rate, au lieu d'être verſé dans la veine cave, conſtitue un ſyſtême particulier de vaiſſeaux, appellé veine porte, & apporte tout le ſang au foie ; il eſt encore plus noir, plus épais que le ſang veineux ordinaire ; il a ſubi un degré de fermentation de plus, parce qu'il fait un plus long ſéjour dans les vaiſſeaux tortueux de ces parties qu'ailleurs : la chaleur y eſt auſſi plus grande ; l'action continuelle de l'eſtomac & des inteſtins, & la fermentation des alimens y entretiennent un mouvement plus conſidérable que dans nulle autre partie du corps ; en conſéquence, l'air fixe ſe dégage encore davantage du ſang, qui devient plus noir & contracte plus d'acrimonie.

Cependant la nature, pour tempérer un peu cette grande activité de la bile, y apporte une portion de chyle ; c'eſt lui qui fournit le ſel analogue au ſucre de lait que nous avons trouvé dans la bile.

La bile eſt d'une néceſſité première pour la digeſtion, qui eſt toujours troublée lorſque cette liqueur n'a pas les qualités néceſſaires : on ſent combien elle doit agir fur le duodenum & les autres intestins ; & en se mêlant avec le chyle, elle doit lui donner de nouvelles qualités.

Tous ces sucs dont nous venons de parler n'ont donc d'autre usage que de servir à la digestion, voilà pourquoi la nature les a fait fermenter avec tant de facilité : la salive, le suc gastrique, le pancréatique, & celui des intestins, quoique vraiment animalisés, contiennent beaucoup d'acide qui se développe facilement. Une certaine quantité de salive aigrit promptement ; le suc gastrique journellement en fait autant dans l'estomac : il est vrai que cette acidité ne dure pas long-temps, & passe bientôt à la putridité. Chez les enfans dont les forces vitales ont moins d'énergie, & qui ne vivent presque que de matières végétales &. de lait, ces sucs font moins animalisés, & tiennent encore plus de l'acide ; aussi font-ils singuliérement sujets aux aigres: ces acides, en passant dans le méfentère, en coagulent la lymphe, & donnent lieu à des obstructions. La bile est plus animalisée & ne passe pas à l'aigre ; mais elle contient une huile très-active, & qui le devient encore plus par la fermentation qui agit sur elle , lorsqu'elle séjourne trop ; sans doute cette activité est tempérée par l'acide du chyle, celui de la salive & des autres sucs digestifs.

DE L'ESPRIT NERVEUX.

L'ESPRIT nerveux est filtré par la substance corticale du cerveau : il se rend dans la substance médullaire, qui ne paroît être que les tuyaux excréteurs de la corticale ; effectivement elle est toute fibreuse , ainsi que la substance rayonnée du rein n'est que la réunion des vaisseaux excréteurs de sa substance corticale. Enfin cet esprit arrive au grand réservoir , au sensorium : les nerfs qui y aboutissent tous sont sans doute les vaisseaux destinés à sa circulation ; ils le portent dans toutes les parties , & avec lui la vie & le sentiment : il parvient ainsi jusqu'aux dernières ramifications des nerfs. Que devient-il pour lors ?

Celui des nerfs qui aboutissent à la peau , doit se perdre & être emporté avec l'insensible transpiration ; peut-être est-ce lui qui est le principe de l'odeur que laisse après lui chaque

animal ; mais celui qui coule dans le
autres nerfs va fe rendre dans les dernières ramifications à l'anaſtomofe de
veines , des artères & des vaiſſeaux
lymphatiques ; là il fe mélange, foi
avec le fang , foit avec la lymph
nourricière , & lui donne la vie, ſi o
peut fe fervir de ce terme ; car un
partie dont les nerfs font léſés , fouffr
& s'atrophie. Cet efprit, rentré ainſ
dans le torrent de la circulation, el
foumis de nouveau à l'action des for
ces vitales , & répare les pertes qu'
a pu eſſuyer : il fera filtré une fecond
fois dans le cerveau. Toutes les fécré
tions font ainſi en partie repompées
pour être broyées derechef ; peut
être fervent-elles à en développer d
nouvelles qui leur foient analogues.

Cet efprit fe verfera de même dan
les différentes liqueurs fécrétoires ; tou
tes les glandes, & la plupart des vif
cères qui en font les organes, fon
prodigieuſement pourvus de nerfs ; l'e
tomac & les inteſtins en font tous tiſſus
& ils ne peuvent verfer l'efprit qu'i
contiennent que dans les fécrétions qu
en feront animées & vivifiées.

La quantité de cet efprit doit êtr
immenfe : les fécrétions font d'autan

plus abondantes, que l'organe sécrétoire est plus volumineux ; & le cerveau & cervelet sont des plus gros
viscères du corps : la liqueur qu'ils fil-
treront sera donc très-abondante, &
c'étoit nécessaire, car il s'en fait une
déperdition considérable. C'est par ce
fluide que s'opèrent toutes les sensations qui sont continuelles & très-mul-
tipliées : il est la première cause de
toute contraction, de tout mouvement;
or toutes les parties du corps sont dans
des contractions continuelles, elles se
meuvent sans cesse ; aussi l'affaissement
succède-t-il aux exercices violens &
qui sont de trop longue durée.

La nature de l'esprit nerveux nous
est encore inconnue : les uns ont voulu
que ce fût le feu, d'autres l'élément
de la lumière, ceux-ci le fluide électrique ; il en est même qui l'ont regardé comme quelque chose au dessus
de la matière. Cette idée ne mérite
pas qu'on s'y arrête : nous ne pouvons
croire non plus qu'ils soient le feu ou
la lumière ; ils ne sauroient être contenus dans les nerfs ; s'ils étoient de la
nature du fluide électrique, dans l'é-
lectricité ils s'évaporeroient tous.

En suivant les analogies, ne seroit-il

L v

pas plus fage de dire que cet efpri
eft un principe huileux éthéré très-actif
qui correfpond chez l'animal à l'efpri
recteur des végétaux ? car il ne fau
pas croire que l'efprit recteur ne ferv
à ces derniers qu'à leur donner de l'o
deur. La fage nature ne fait pas tan
d'appareil pour un auffi mince objet
l'efprit recteur a certainement un ufag
plus intéreffant qu'à parfumer ; il e
effentiel à la végétation, fans lui ell
languit, ainfi que le fait l'animal,
l'efprit nerveux fouffre. Ces deux ef
prits ont beaucoup d'analogie ; on fai
combien des odeurs fuaves réjouiffer
l'ame & réveillent le cours des efpri
animaux ; s'il eft interrompu, comm
dans la fyncope, elles le rétabliffen
auffitôt. Il a encore beaucoup de rap
port avec l'efprit féminal ; on diro
prefque qu'ils font le même principe
fi grande eft l'influence qu'ils ont l'u
fur l'autre ; ils paroiffent même fe fup
pléer ; la déperdition de l'un entraîn
la foibleffe de l'autre : une trop grand
évacuation d'efprit féminal affoiblit éga
lement les nerfs. Une autre reffem
blance que doit avoir l'efprit nerveu
avec le féminal, eft l'activité : toute
les huiles éthérées font très-actives

presque caustiques ; l'esprit séminal a beaucoup d'activité, comme on doit en juger par l'impression qu'il fait : l'esprit nerveux en aura donc aussi une plus ou moins considérable.

Qu'on ne dise pas que l'huile n'est point assez ténue pour répondre à la subtilité des esprits animaux, & à la promptitude de leurs mouvemens : l'huile est le corps le plus subtil de la nature. Qu'y a-t-il de plus délié que l'esprit recteur des plantes ? L'éther & l'esprit de vin sont de la plus grande volatilité : l'huile animale de Dippel est aussi pénétrante, aussi active que les huiles végétales dont nous venons de parler ; elle s'évapore avec la plus grande promptitude, & il ne reste dans le vase qu'un résidu sans vertu. La vapeur du mancenilier qui est si malfaisante, celles des plantes narcotiques qui sont si vireuses, ne sont que des esprits recteurs ; & ces venins si subtils des plantes & des animaux des pays chauds, ne sont que des huiles très-exaltées.

Les huiles éthérées végétales sont unies à un acide qui domine dans toutes les liqueurs des végétaux : chez l'animal l'acide a disparu, pour faire place au principe salin animal. Les huiles éthérées animales seront donc unies à ce principe salin animal qui n'est que de l'alkali volatil : effectivement l'huile de Dippel en contient, car, quelque rectifiée qu'elle soit, elle verdit le sirop violat. M. de Morveau soupçonne qu'elle contient aussi un peu d'acide phosphorique : l'analogie porte donc à croire que l'esprit nerveux sera également uni à un principe alkali volatil, & peut-être avec de l'acide phosphorique.

Enfin il ne paroît pas qu'on puisse ne pas admettre des esprits animaux; le cerveau, ce viscère si considérable, est construit comme tous les organes qui préparent une humeur sécrétoire : les nerfs sont la source de la vie, du sentiment & du mouvement ; ils ne peuvent produire tous ces effets que par un fluide, car on ne peut les regarder comme une corde tendue, depuis l'extrémité du corps jusques à la tête. Or, que peut être ce fluide ? Ce ne sera ni l'eau, ni aucun de ceux dont elle fait la base ; ils seroient trop grossiers : ce ne peut être l'air ; il auroit encore moins de subtilité. Reste donc à dire que c'est un principe huileux, ou la lumière, le feu, le fluide électrique : ceux-ci font auffi trop fubtils, les nerfs ne pourroient les contenir : ce ne peut donc être qu'un principe huileux ; & effectivement l'huile éthérée a toutes les qualités que nous connoiffons à ces efprits.

Le fluide animal ébauché dans la maffe viendra fe perfectionner dans le cerveau : le fang circule avec tant de lenteur dans les petits vaiffeaux de ce vifcère, qu'il fermente plus qu'il ne le fait dans les autres parties. L'huile eft donc plus fubtilifée, plus atténuée ; de même, dans les vaiffeaux très-déliés des tefticules, elle eft auffi affinée pour former l'efprit féminal : celui-ci va fe repofer dans les véficules féminales, dans lefquelles il acquiert de nouvelles qualités ; l'autre en acquiert également dans les véficules animales. L'activité de l'efprit féminal ne permet pas de douter de celle de l'efprit nerveux : c'eft cette activité qui leur donne la plus grande influence fur l'économie animale ; ils en tendent la fibre, en animent les liqueurs ; & dès que ces deux efprits manquent, fur-tout le nerveux, tout tombe dans l'affaiffement, tout languit : cette même activité les fait agir fur les nerfs, & produire le

humeurs dégénèrent en putridité, comme dans les maladies putrides, malignes & peftilentielles, l'efprit nerveux
eft fingulièrement altéré : il y a un
abattement, une proftration de force
toujours proportionnée à la putridité.
L'activité de cet efprit peut auffi augmenter ; pour lors, fe trouvant trop
âcre, il pincera & irritera le fyftême
nerveux, qu'il tiendra dans un état
continuel de fpafme : ce pourroit bien
être la caufe la plus ordinaire des vapeurs, de la manie & de la démence.
Son défaut d'activité au contraire jettera dans l'apathie & l'engourdiffe-
ment : en un mot, la nature de l'efprit
nerveux influe plus qu'on ne penfe communément dans celle des maladies.

DE LA VIE

ET DE LA MORT.

LE cœur paroît être le principe qui
anime toute la machine : c'est lui
qu'on apperçoit fe mouvoir le premier,
& il paroît ceffer le dernier : il donne
la première impulfion ; par fes contractions fortes & vigoureufes, le fang

eft lancé jufqu'aux extrémités les plus éloignées ; toutes les artères, toutes les veines font diftendues & réagiffent par leur élafticité propre. Cette action & réaction continuelles excitent mille & mille frottemens entre toutes les parties folides, & il en naît une chaleur proportionnée à la force qui les excite.

Cette chaleur eft néceffaire à la vie, parce qu'elle entretient le mouvement intérieur : le froid au contraire, refferrant les parties, étrangle les petits vaiffeaux capillaires : les liqueurs font un peu condenfées, la circulation fe ralentit ; la chaleur intérieure diminue dans la même proportion : enfin, le froid augmentant toujours, la circulation pourra fe ralentir au point que l'animal perde la chaleur, le mouvement & la vie.

Si les liquides de l'animal font fort aqueux, qu'ils fe congèlent dans les vaiffeaux, & que ceux-ci ne puiffent prêter, ils feront brifés, toute organifation fera détruite, & la partie fe fphacèle au dégel. Mais il eft des animaux chez qui les chofes ne fe paffent pas ainfi : M. de Réaumur a fait geler des chenilles au point d'être roi-

des & caſſantes ; & cependant, en le
expoſant à une douce chaleur, elle
ont repris la vie : le loir, le lérot,
les hirondelles, &c. ſont à peu prè
dans le même cas ; il faut ſans doute
que leurs liqueurs plus huileuſes ſe figen
ſimplement & ne déchirent point leur
vaiſſeaux, ou que ces vaiſſeaux eux-
mêmes prêtent plus facilement. Le
noyés qui ont demeuré long-temps dan
l'eau, ont auſſi perdu tout mouvement,
toute circulation eſt ſuſpendue, & i
n'y a aucun ſigne de vie : ils ne ſon
cependant point morts.

Qu'eſt-ce qui peut les rappeler à la
vie, & faire renaître dans ces machines un mouvement qui eſt entiérement
ceſſé ? La chaleur à laquelle on les
expoſe dilate les parties ſolides, donne
de la fluidité aux liqueurs, & les rend
par conſéquent plus propres à pouvoir
circuler ; mais qu'eſt-ce qui va réveiller le mouvement des forces motrices ?
Je crois que c'eſt l'air élaſtique qui eſt
contenu dans tous les vaiſſeaux. La
chaleur le dilate, il ſe raréfie, agite
un peu les liquides, agace les nerfs ; le
cœur eſt irrité par ces petits mouvemens, & il ſe contracte : c'eſt de cette
manière que le Docteur Needham rap-

pela à la vie le chien qu'il avoit pendu, en faifant paffer de l'air dans fes vaiffeaux : ce feroit une expérience à répéter, parce qu'on en pourroit peut-être tirer des conféquences utiles pour les noyés.

Mais d'où le cœur lui-même tire-t-il fa force motrice ? De fon irritabilité , & par conféquent de fes nerfs : ce font donc les nerfs qui font les premiers principes du mouvement , & par conféquent de la vie : chez le fœtus il faut donc que le fyftême nerveux foit produit le premier, que le cerveau foit fourni d'efprits animaux, pour qu'ils excitent le *punctum faliens,* le cœur ; auffi, dans ces premiers momens , le cerveau eft-il plus gros que le refte du corps. C'eft donc dans le cerveau & fes différentes ramifications que confifte la vie ; & toute léfion confidérable du cerveau & de fes gros nerfs , la termine promptement. M. de Haller a enfoncé des biftouris dans la moëlle alongée de gros chiens, qui ont expiré dans l'inftant , tandis que des perfonnes ayant le cœur percé d'un coup d'épée, vivent, & même fe meuvent encore quelques momens étant pleins de force. M. Spa-

lanzani dit que des grenouilles à q[...]
il avoit ouvert le cœur, coupé l'aort[...]
& vidé tout le sang, ont encore véc[...]
plusieurs heures, voyant, sentant, [...]
faisant toutes leurs fonctions ordinaire[...]
La plupart des reptiles sont dans [...]
même cas : ceci ne pourroit avoir lie[...]
chez les grands animaux ; la circula[...]
tion du sang est nécessaire pour em[...]
pêcher l'affaissement des gros viscères[...]
sur-tout du cerveau , qui feroit péri[...]
l'animal dans l'instant.

Tout ce qui intéressera donc le cer[...]
veau à un certain point, causera un[...]
mort subite. On a vu des personne[...]
périr subitement d'une grande dou[...]
leur : ce ne peut être que par un[...]
crispation générale des nerfs & d[...]
cerveau; par la même raison, des spas[...]
mes vaporeux jettent dans des a[...]
phyxies qui durent des jours entiers : l[...]
circulation du sang, la respiration, enfin[...]
toutes fonctions sont suspendues pou[...]
quelques instans.

La lésion des gros nerfs opérera l[...]
même chose que celle du cerveau; l[...]
moëlle épinière ne peut être intéressée[...]
dans sa partie supérieure , sans que l[...]
mort s'ensuive aussitôt : on expire su[...]
bitement dès que le centre nerveux d[...]

diaphragme ou les gros plexus de l'abdomen sont lésés : des taches gangré-
eufes aux viscères, sont le plus souvent mortelles ; & les gros nerfs cru-
aux, sciatiques, brachiaux, peuvent
tre coupés, lésés, sans que la mort
s'enfuive. La moëlle épinière peut elle-
même être affectée dans sa partie inférieure sans une mort prompte, & ce
n'est même que la paralysie des extrémités inférieures qui fait périr. La gangrène extérieure est sans danger : on a
même vu la gangrène des intestins n'être
point mortelle. Le cerveau lui-même
peut tomber en suppuration sans nulle
léfion de fonctions ; mais la mort est
subite lorsque le corps calleux ou la
moëlle alongée sont lésés ; cependant
il est des animaux à qui on peut cou-
per la tête sans les tuer. Meri & Rhedi
ont ôté le cerveau a des tortues, leur
ont coupé la tête sans les faire périr.
M. Spalanzani a coupé la tête à une
grenouille sans la tuer, & elle a expiré subitement en blessant la moëlle
épinière.

La vie consistera donc uniquement
dans le système nerveux, & la libre
circulation du fluide vital : chaque
partie n'aura de vie qu'autant que ses

nerfs ne ſont point léſés : lorſque
moëlle épinière eſt comprimée dan
ſon extrémité inférieure, toutes le
parties auxquelles elle donne des ner
ſont mortes & n'ont plus de vie ; il e
eſt de même dans toute partie gan
grénée. Ainſi différentes parties d
corps peuvent être mortes, & le
autres ne l'être point : on ne pourr
donc dire la vie ceſſée, que lorſqu
toutes les parties ſont mortes ; c'e
ce qui arrive lorſque le principe d
tous les nerfs eſt entiérement léſé
comme lorſque la moëlle alongée e
intéreſſée. Si la tortue & la grenouill
donnent encore quelques ſignes de vi
lorſqu'on leur a coupé la tête, c'e
par la même raiſon que leur cœur ho
de leur corps bat encore : leurs ner
contiennent un reſte d'eſprit nerveu
qui opère quelques contractions ; c'e
ſur-tout dans la moëlle épinière où i
ſe trouve, & en la bleſſant, on ôt
à l'animal le reſte de vie qu'il avoi
conſervé. Chez les grandes eſpèces, l
fibre n'eſt point auſſi déliée que che
les petites ; l'irritabilité eſt moins con
ſidérable, & la vie ceſſe plutôt.

Toutes les fois que la circulatio
du ſang n'a plus lieu, il n'y a plus d

signe de vie, comme chez les noyés, chez
ceux qui sont dans les grands paroxis-
mes vaporeux, quoiqu'elle ne soit cependant pas cessée ; mais elle cessera
bientôt, si on ne peut réveiller la circulation. Tout ce qui gênera donc les
nerfs qui servent à la circulation & à la
respiration, jettera l'animal, dans un
vrai état de mort, quoiqu'il ne le soit
pas encore ; c'est ce que fait la compression au haut de la moëlle épinière,
& celle du grand nerf intercostal :
l'animal n'est cependant pas mort, puisque nulle partie n'est désorganisée, que
le cerveau est en bon état : il est dans
la même situation où est celui qui est
noyé ; mais chez celui-ci on peut rappeler la circulation, & chez l'autre
on ne le peut pas. La lésion même,
la gangrène de tous les nerfs vertébraux, celle de tous ceux des sens,
ne causeront donc la mort qu'aux parties où ils se distribuent ; mais toutes
les fois que le nerf intercostal sera assez
intéressé pour qu'il se crispe, & par-
là arrêter le mouvement des esprits dans
ses rameaux qui vont aux organes de la
circulation, la mort s'ensuivra, à plus
forte raison s'il est lésé dans son principe, dans le cerveau.

1°. Toute maladie ne tue donc qu'e[n]
fupprimant la circulation des efpr[its]
vitaux, ou en totalité, ou dans l[es]
organes de la circulation ; c'eft ce q[ui]
feront toutes affections du fenforiu[m]
ou de la moëlle alongée, comme [la]
gangrène, l'obftruction, fa compre[f-]
fion par apoplexie, ou un enfoncem[ent]
du crâne, &c. ; ou s'il eft déforga[-]
ñifé par une commotion du cerveau[,]
un fpafme qui y intercepte la circu[-]
lation, une inflammation. 2°. Tou[te]
affection des nerfs qui léfera tout l[e]
fyftême nerveux, ou au moins inté[-]
reffera le fenforium & les organes [de]
la circulation, fera mortelle, comm[e]
compreffion, commotion qui défor[-]
ganife, paralyfie, & enfin l'inflamm[a-]
tion : les nerfs de la partie enflammé[e]
fe tendent & fe crifpent ; l'érétifm[e]
fe communique bientôt aux nerfs vo[i-]
fins, & paffera, fi l'inflammation e[ft]
confidérable, à tout le fyftême ner[-]
veux, peut-être au fenforium ? l'efpri[t]
nerveux aura peine à couler, & le[s]
fonctions vitales fouffriront & pour[r-]
ront être fufpendues, ce qui amèner[a]
la mort. Ces effets feront d'autant plu[s]
à craindre, que le nerf enflammé fer[a]
plus gros & communiquera plus dire[c-]
temen[t]

ement avec l'intercostal. Voilà pourquoi l'inflammation des viscères qui
tirent leurs nerfs de celui·ci, est plus dan-
gereuse que celles dont les nerfs viennent
de la moëlle épinière : la gangrène n'est
donc point mortelle par elle-même.
Dans tous les ulcères des viscères, il
y a bien plus de déperdition de subf-
tance ; mais la gangrène n'a lieu que
lorsque l'érétisme est au plus haut point ;
c'est cet érétisme qui est mortel. 3°. L'al-
tération des esprits animaux, qui les empêche de pouvoir couler dans les nerfs,
comme lorsqu'ils sont détériorés par les
fermentations putrides, ou par leur union
avec les différens gaz. 4°. Enfin ce
qui lésera directement les organes de la
circulation, savoir, le cœur, le poumon,
les gros troncs artériels & veineux ;
comme leur inflammation, leur obftruction, une compression par une
cause quelconque, par exemple, des
tumeurs, des excroissances, des liquides épanchés, &c.

La lésion des autres parties du corps
ne peut point donner la mort par elle-
même, puisque la vie peut subsister
quelques instans sans elles. Le foie, la
rate, les reins, l'estomac lui-même, ne
sont point de première nécessité ; ils

M

ne fervent qu'à fournir le chyle répar
teur ; cependant, fi ces parties font
fées, la vie ceffe. Leur inflammati
amène fouvent la mort : c'eft parce q
leurs nerfs ont une communication tr
intime avec l'intercoftal, & leur ir
tation fe communique à celui-ci
toute autre léfion qu'ils éprouveroi
qui ne gênera pas la circulation dans
gros vaiffeaux fanguins, qui ne vici
pas le chyle réparateur, ne peut don
la mort que lorfque leurs nerfs irrités
ront paffer leur impreffion à l'intercof
l'hydropifie ne tue que quand les par
fe gangrènent ; l'obftruction ne devi
mortelle que parce qu'elle s'enflam

La vitalité réfidera donc dans le
tême nerveux. Eft-il fain en toutes
parties ? les efprits coulent-ils fac
ment ? il y a plénitude de vie, fi
peut fe fervir de ce terme. Souffre-t
la vie eft altérée. Elle le fera peu, f
léfion eft petite, & qu'elle n'atta
que quelques nerfs éloignés ; mais
le fera beaucoup, fi les nerfs qui fe
tribuent aux parties vitales font affe
Enfin le défordre eft il plus grand
machine ne pourra plus exercer
fonctions, le mouvement y ceffe
& la mort arrivera.

Comment a-t-on pu faire confifter la vitalité du corps dans une ame végétative, un archée, même l'ame raifonnable, comme l'a dit Stahl? Le corps humain eft une machine compofée de différens folides & de différens liquides qui agiffent & réagiffent les uns fur les autres, en fuivant les lois ordinaires du mouvement. Il ne diffère des autres animaux, & même des végétaux, que par une organifation plus parfaite ; & , comme on n'admettra pas chez les végétaux & les autres animaux une ame raifonnable qui en opère toutes les fonctions phyfiques, on ne doit pas l'admettre davantage pour celles de l'homme. L'ame chez lui a des fonctions plus nobles, la penfée ; & parce qu'on ne peut encore tout expliquer fuivant les lois du mouvement que nous connoiffons, irons-nous admettre des agens dont on n'a nulle idée, tels qu'une ame végétative & une archée ? ou donnerons-nous à l'ame raifonnable le détail de tous les organes de la machine dont elle n'a nulle connoiffance ? Ce feroient des opérations qu'elle feroit pour ainfi dire à notre infçu ; & n'eft-ce pas elle qui conftitue le moi ?

On voit quel rôle doivent jouer les

nerfs dans l'économie animale ; ils donnent la fenfibilité & le mouvement
toutes les parties, &, fe communiquant
tous par les fympathiques, les affection
des uns pafferont aux autres : l'irritatio
d'un feul ébranlera tout le fyftême ner
veux ; la fenfibilité fera augmentée par
tout, & il furviendra fpafmes, érétifme, c
convulfion, fuivant le degré d'irritatio

Auffi l'état douloureux d'un feul ne
influe fur toute la machine. Il eft fin
gulier combien un fimple mal de den
fupporté quelques jours, ou un accc
de fièvre, l'abattent. L'effet eft e
core plus fenfible fi l'ame eft dans
douleur ; un chagrin violent rend e
vingt - quatre heures méconnoiffab.
l'homme le mieux portant, & pe
même le tuer : c'eft que toute paffi
affecte prodigieufement le fyftême ne
veux. Les chagrins, les peines de l'am
lui cauferont les mêmes impreffions qu
les maux du corps ; elles le tendro
& le crifperont : toutes les fonctio
feront donc léfées : la circulation fe
embarraffée, fur-tout dans les vaiffeau
capillaires : les humeurs croupiron
ftagneront, & aquerront par ces ftat
de l'âcreté ; elles s'épaiffiront, & pou
ront ainfi donner lieu à des obftru

tions d'autant plus facilement, que le
diamètre des vaiffeaux eft diminué :
toutes ces impreffions feront plus confidérables au diaphragme & à toutes
les parties contenues dans le bas-ventre,
à caufe de leur plus grande fenfibilité.
Ainfi toute idée noire, toute idée trifte,
refferre le diaphragme : on le fent tendu
comme une corde qui refferreroit les
hypocondres. L'eftomac, les inteftins,
éprouvent le même refferrement : ils
ne peuvent faire leurs fonctions : la di-
geftion fouffre, l'appétit fe perd : le
chyle eft mal préparé, par conféquent
le fang & toutes les liqueurs en font
léfés. Le foie, la rate, feront également crifpés ; la bile, féjournant plus
long-temps qu'elle ne doit, acquerra
de l'âcreté, devient noire, épaiffe, &
prendra les qualités de ce que les anciens appeloient atrabile.

Les fenfations agréables au contraire
affectent & ébranlent doucement le
nerf fans l'irriter, fans le crifper : l'efprit nerveux y coule en quantité il eft
vrai, mais il ne lui donne que la tenfion
néceffaire : tous les autres nerfs fe reffentent de cette impreffion agréable,
& toutes les fonctions de la machine
fe font avec la plus grande facilité :

on fe fent gai , on a du plaifir à exifter :
c'eft l'hilarité. Les idées gaies opèreront
le même effet que les fenfations agréables : la joie produit ce bien-être général ; fon impreffion fe portera plus
particulièrement au diaphragme & aux
parties voifines, à caufe de leur grande
fenfibilité. C'eft dans ces parties fur-
tout où la joie fait reffentir ce fentiment délicieux, ce treffaillement d'entrailles qu'on ne peut peindre : tous les
vifcères du bas-ventre feront mieux
leurs fonctions , & les liqueurs qu'ils
préparent feront bien broyées , bien
mélangées. La fanté dépendra donc
beaucoup de l'état où fe trouvera l'ame,
& des fenfations agréables ou défagréables qu'on éprouvera.

On n'a encore pu expliquer comment l'irritation des nerfs affecte défa-
gréablement , & l'impreffion contraire
eft fi agréable : je crois que ceci dépend de l'efprit nerveux. En le regar-
dant comme une huile éthérée, il doit
avoir beaucoup d'activité ; toutes les
huiles en ont plus ou moins : l'efprit
féminal, avec qui il paroît avoir un rapport plus prochain , eft très-actif : l'efprit nerveux fera donc la même impreffion fur les nerfs , que l'efprit fé-

minal. Lorsque celui-ci coule en très-petite quantité, comme lorsque les vésicules séminaires sont relâchées, il ne fait nulle impression, on ne s'apperçoit pas de son écoulement: mais s'il coule en certaine quantité, il affecte très-voluptueusement, & c'est peut-être la sensation la plus agréable qui soit accordée à l'animal. Enfin lorsqu'il coule en trop grande quantité, cette impression cesse d'être agréable; elle devient douloureuse, irrite & crispe les nerfs.

De même l'esprit nerveux ne coulant qu'en très-petite quantité, seulement pour entretenir la sensibilité & le mouvement dans les parties, ne fait nulle impression sur les nerfs; mais lorsqu'il sera envoyé avec une certaine abondance, il causera une sensation plus ou moins agréable : enfin, s'il coule trop abondamment, il crispera les nerfs, & y produira de la douleur.

DU SOMMEIL.

LE sommeil est un état où toutes les fonctions paroissent suspendues, excepté les vitales : il ne subsiste que le

M iv

mouvement du cœur & celui du poumon
Mais tous les ſens ſont morts ; l'anim
n'entend pas , ſes yeux ſont fermés
la lumière ; il ne flaire plus ; le ſe
du toucher eſt nul ; la reſpiration
haute ; la circulation ſe ralentit con
dérablement ; le pouls , dont les pu
ſations alloient juſqu'à 80 par minut
ne bat plus que 60 & quelquefois. l
chaleur animale eſt diminuée dans
même proportion. Un pareil phén
mène nous ſurprendroit infiniment , s
n'étoit pas auſſi familier : qu'un anim
paſſe auſſi ſubitement de la vie à u
eſpèce de mort , c'eſt très-ſingulier.

La cauſe du ſommeil eſt , on
ſauroit en douter, une eſpèce de con
preſſion qui ſe fait ſur le **cerveau ;** el
ſe communique juſques au ſenſorium
l'origine des nerfs ſe trouve un pe
affaiſſée ; l'eſprit nerveux ne peut pl
y couler en même quantité , & les mo
vemens ceſſent : on a un exemple fra
pand de l'effet que fait la compreſſio
ſur le cerveau dans cette femme qui
ayant perdu le crâne , portoit en plac
une calotte de plomb : cette calot
ôtée, on preſſoit légèrement le ce
veau , & auſſitôt elle s'endormoit a
point de ronfler. Toutes les maladie

comateufes n'ont d'autre origine qu'une
pareille compreffion qu'elles exercent
fur le cerveau, & que différentes caufes
peuvent opérer. Les plus communes font
du fang, ou tout autre liquide épanché. La pléthore feule des vaiffeaux
peut faire une légère compreffion : c'eft
pourquoi, après avoir mangé, on eft
enclin au fommeil, parce que pour lors
le fang, gêné dans l'aorte inférieure, fe
porte en plus grande quantité aux parties fupérieures.

Mais comment le fommeil furvient-
il naturellement tous les jours ? Il faut
en rechercher la caufe dans la déperdition confidérable de l'efprit nerveux
qui fe fait pendant la journée ; il ne
peut s'en filtrer une affez grande quantité pour le réparer, ce qui produit
un vide dans les véficules du fenforium ; elles s'affaifferont donc ; la fubftance du cerveau elle-même pourra
éprouver un pareil vide, & s'affaiffer
par la même raifon : les nerfs feront
comprimés ; l'efprit ne coulera plus
affez abondamment, & le fommeil
furviendra ; & ce qui prouve bien que
c'eft la vraie caufe du fommeil, c'eft
que, lorfqu'on a fait un grand exercice,
qu'on eft beaucoup fatigé, le fom-

meil survient plus promptement , et
plus fort & plus long. La nuit l'accélère encore pour les animaux abandonnés à la nature, parce qu'il n'y a
plus de sensation pour eux qui réveille
le cours des esprits.

Lorsque les esprits se seront réparés
que les vésicules seront pleines, ils re-
prendront leur cours ordinaire : l'irritation produite par le sang & les autres
liqueurs, agaceront les nerfs, & le
sommeil cessera ; l'animal ressuscité
pour ainsi dire, s'étend, bâille pour
ranimer la circulation ralentie, & les
sensations vont reprendre toute leur
activité.

Telle est la marche ordinaire de la
nature ; mais ici, comme ailleurs, elle
a des exceptions : les maniaques & les
vaporeux dorment peu ; leurs nerfs sont
très-sensibles ; le cerveau est toujours
agacé, & filtre des esprits en plus grande
quantité que dans l'état naturel : car
tout organe qui est irrité augmente ses
contractions , & la sécrétion de l'humeur qu'il filtre est plus abondante : c'est
pourquoi les spiritueux , & tout ce qui
donnera du ressort aux solides, dimi-
nueront le sommeil. Cependant les spiritueux, pris au point de causer l'ivresse

produiront un effet contraire : vraisemblablement ils occasionnent une espèce
de pléthore qui comprime le cerveau.
C'est aussi de cette manière qu'opèrent
les narcotiques : en petite quantité ils
réveillent les esprits, & donnent de la
gaieté ; mais lorsqu'on en a trop pris,
ils causent un orgasme, une fausse pléthore qui amène le sommeil.

DE L'ESPRIT SÉMINAL.

C'EST ce fluide admirable qui sert
à la reproduction des êtres organisés.
Sa nature est encore ignorée : nous en
connoissons seulement quelques qualités. En se refroidissant, la sémence
devient huileuse, & se délaie de plus
en plus : elle est immiscible avec l'eau,
qui paroît lui donner de la consistance :
le phlogistique, le fluide électrique,
y sont certainement en quantité. Je
regarderai donc cette liqueur comme
une huile animale éthérée, qui est composée, ainsi que celle de Dippel, de
deux principes ; l'un est très-volatil,
c'est *l'aura seminalis* qui s'évapore avec
la plus grande facilité ; & l'autre plus
fixe, qui est peut-être une lymphe,

M vj

donne des entraves à cet eſprit ſi ſubtil.
Elle eſt ébauchée, comme toutes les autres ſécrétions, dans le torrent de la circulation : venant enſuite ſe rendre aux
teſticules , elle ſubit une nouvelle fermentation dans les vaiſſeaux ſi déliés
de ces organes ; l'air fixe s'en dégage ,
elle s'affine , & enfin eſt portée dans les
véſicules ſéminales , où elle achève de
ſe perfectionner , & acquiert cette
ſubtilité , cette énergie qui lui ſont
particulières. L'eſprit ſéminal des végétaux eſt également huileux : la nature
l'a logé dans des eſpèces de petites
boîtes ; lorſqu'on les expoſe ſur l'eau ,
& qu'elles viennent à crever , le ſuc
qu'elles verſent ne s'y mélange point.
Pour répondre à tous les phénomènes
de la formation du fœtus , je crois que
la ſemence contient un extrait de toutes
les liqueurs animales & végétales : la
lymphe glutineuſe , avons-nous dit,
forme tout le tiſſu cellulaire du petit
embryon : dans ce tiſſu, ſont dépoſées
des parties calcaires pour former les
os , de la lymphe gélatineuſe dans les
muſcles , des eſprits animaux au cerveau , de la bile au foie, &c. Il faut donc
que toutes ces parties ſe trouvent dans
la ſemence.

Telle eft ma manière d'envifager le
fluide féminal : c'eft une huile fubtile
imprégnée de toutes ces différentes liqueurs. On a beaucoup parlé d'animalcules fpermatiques : il peut y en avoir
dans la femence comme dans toute in-
fufion végétale ou animale ; mais ce
ne font point eux qui donnent de l'é-
nergie à la femence, comme ils n'en
donnent point aux infufions dont nous
venons de parler.

La femence chez l'enfant paroît fort
aqueufe, mais peu à peu elle prend
plus de qualités ; & enfin à l'âge de
puberté, où le corps a fon accroiffement, cet efprit acquiert toute fa
perfection : il eft fort actif, & agace
fingulièrement les nerfs. C'eft fans doute
cette activité qui contribue à développer les organes qui doivent le filtrer,
& leur faire prendre toutes leurs dimen-
fions : car il eft fingulier que le refte
du corps prenne de l'accroiffement fans
que ces parties en acquièrent en proportion, & qu'elles fe développent
enfuite tout-à-coup, ainfi que les mamelles : c'eft fans doute un effet de la
foibleffe des artères mammaires & fpermatiques ; elles font des efforts bien
minces, en comparaifon de ceux que

font les autres gros vaiffeaux. Les parties où fe portent ceux-ci doivent donc croître les premières ; mais à l'âge de puberté, le corps ayant pris à peu près fon accroiffement, les gros vaiffeaux trouvant trop de réfiftance, les folides ne prêtant plus, le fang refluéra avec force aux artères fpermatiques & mammaires où la réfiftance eft moindre, & développera dans ce temps ces organes. Ce qui doit confirmer dans cette idée, c'eft que l'homme de la campagne, gros, robufte, bien conftitué, n'eft pubère que fort tard, à l'âge de feize, dix-fept, dix-huit ans, tandis que le citadin très-foible, l'eft plufieurs années auparavant. Chez le premier l'imagination ne travaille pas, & elle le fait beaucoup chez le fecond : or, on fait que le fang fe porte aux fens fur lefquels l'imagination s'exerce. Les payfannes font réglées fort tard, & les demoifelles de fort bonne heure. Enfin les gens de ville ont beaucoup plus de befoins de ce côté-là que ceux de campagne, dont les mœurs font plus pures : l'artère fpermatique eft plus groffe chez les premiers que chez les derniers, ainfi que les parties auxquelles elle fe diftribue.

L'accroiffement de ces parties n'eft

cependant pas dû uniquement à l'action de l'artère spermatique. Dans ce moment, le corps est déja formé, les forces vitales prennent de l'activité, & elles commencent à donner de l'énergie à la liqueur séminale qui est contenue dans la masse. Cette liqueur arrivant aux organes de la génération, en agacera les nerfs ; ils se contracteront, les vaisseaux battront avec plus de force ; & cette action, jointe à celle du sang qui s'y porte en plus grande quantité, produiront le développement de ces organes. Ce qui confirme combien cette cause est puissante, c'est que chez les eunuques ces parties demeurent au même état où elles étoient lors de l'opération, & ne prennent aucun accroissement.

La semence ébauchée dans la masse générale, perfectionnée dans les testicules, va se déposer dans les vésicules séminales, où elle acquiert encore de nouvelles qualités : chez ceux qui en font une déperdition considérable, & chez qui elle n'a pas le temps de séjourner dans les vésicules, elle est claire, délayée ; au lieu qu'elle est épaisse chez les autres. Une partie sert à la reproduction de l'espèce, & l'autre est re-

pompée dans la maffe du fang. M.
Spalanzani a effectivement apperç
dans le fang des animalcules fperma
tiques : elle y produit les plus granc
effets. En fe mêlant avec la lymph
nourricière, elle lui donne de l'é
nergie ; le corps prend de la fermeté
de la confiftance ; la fibre devier
roide ; les poils & la barbe paroiffent
les organes de la voix en reffentent l
plus grande influence. Il eft remar
quable que ce fluide fe porte princi
palement au gofier, au cou & a
menton.

Les fibres du cerveau fe tendent e
même temps ; la fécrétion de l'efpri
nerveux devient plus abondante ; l'a
nimal prend de la force & du cou
rage ; les qualités intellectuelles fe dé
veloppent : vraifemblablement la fe
mence fe mêle avec l'efprit animal lui
même, & ajoute encore à fes qualités
au moins paroît-il y avoir beaucouj
d'analogie entre eux. Les tefticules &
les ovaires font pourvus d'une grande
quantité de nerfs qui verfent l'efprit
qu'ils contiennent dans le féminal : ce
grand rapport ne permet pas de doutei
que la femence repompée dans la maffe
n'aille fe mêler avec l'efprit animal.

Ces deux esprits se fournissent mutuellement des parties vivifiantes.

Cette analogie de l'esprit séminal avec le nerveux, est un phénomène qu'on ne doit jamais perdre de vue. L'émission du premier émousse l'esprit, entraîne une grande foiblesse, & affaisse singulièrement ; & réciproquement, si l'esprit nerveux est lésé, l'esprit séminal s'en ressentira : après une grande déperdition d'esprit nerveux par des exercices violens, l'esprit séminal se trouve aussi manquer.

L'esprit séminal, en s'unissant au nerveux, augmentera son activité ; l'impression que ce dernier fera pour lors sur les nerfs sera plus vive : c'est ce qui arrive dans le temps des amours des animaux ; ils suivent leurs femelles avec acharnement, sans les quitter un instant ; à peine s'occupent-ils de leur nourriture : le fluide séminal est agité ; il rentre dans la masse en plus grande quantité qu'il n'a coutume d'y être ; il s'en fait aussi une plus grande filtration. Mêlé pour lors avec le nerveux, ils embrasent le sang, & portent le feu dans toute la machine ; ils produisent les sensations les plus vives sur tout le système nerveux : ce sont les

délices ou les fureurs de l'amour. C
ſentimens ſeront d'autant plus vifs, qi
l'eſprit ſéminal ſera plus abondant
aura plus d'activité : jamais ceux qu
n'ont point dé ſemence , ou qu'un
maladie cruelle a jetés dans l'affaiſſe
ment, n'éprouveront ces ſentimens.

Chez les Eunuques la fibre eſt plu
lâche , plus molle , plus détendue ; il
ne prennent point de force : on le
diroit de grands enfans. Ils ſont ſan
cœur, ſans courage, & incapables d
toute action qui exige de la grandeu
d'ame : les facultés intellectuelles ſouf
frent également ; ils ont l'eſprit petit
étroit. Les Eunuques , ſous les Empe
reurs Romains , furent les plus vils de
tous les hommes : Narſès eſt peut-être
le ſeul à excepter. Le taureau eſt fu-
rieux , le bœuf eſt l'animal le plus tran
quille ; il devient gros, gras, mais mou
lâche , & eſt ſans vigueur ; le taureau
ne prend point le même embonpoint,
mais tout eſt nerf chez lui : c'eſt
que cet eſprit ſéminal , par ſon activité, ſon acrimonie, irrite la fibre,
l'agace, & en fait évaporer la partie
aqueuſe, & la partie huileuſe en prend
la place ; le corps devient fort robuſte;
les fibres du cerveau acquièrent la même

onfiftance, & produifent la force, la randeur d'ame & le génie.

L'efprit féminal des végétaux eft égaument huileux ; il a beaucoup d'anaogie avec l'efprit recteur ; il s'enflamme omme lui, & il eft immifcible avec eau : c'eft une nouvelle preuve que efprit féminal des animaux eft huiux. Lorfqu'on connoît combien la ature eft uniforme dans fa marche, n ne doutera pas que chez l'animal efprit féminal ne foit de même nature ue chez le végétal ; & la grande anaogie qu'il y a de l'efprit nerveux avec e féminal, confirmera que le premier ft huileux comme le fecond.

DE LA GÉNÉRATION.

LA reproduction des êtres eft le phénomène de la nature qui a le plus de droit de nous furprendre. Comment peut-elle avec de fi foibles moyens produire d'auffi belles machines que les corps organifés ? Ailleurs nous entrevoyons quelquefois fa marche : ici elle nous échappe entièrement. Que de fyftêmes n'a-t-on pas imaginés pour tâcher de pénétrer ce myftère !

Les vers, les œufs, ne font q...
loigner la difficulté. Ou il faut...
germes emboîtés les uns dans les au...
depuis le premier individu, ou ces...
mes font produits par les forces vita...
l'abfurde de la première opinion...
vifible. D'ailleurs, dans cette hypoth...
on ne peut nullement rendre raifon...
la reffemblance conftante, & plus...
moins parfaite qu'il y a entre les par...
& les enfans. La figure, la ftature...
taille, fe rapprochent; les malac...
héréditaires fe tranfmettent; l'efpr...
les inclinations, les paffions, font...
mêmes: c'eft un fait qu'on ne d...
jamais perdre de vue dans cette n...
tière. Chaque famille, chaque peup...
chaque nation a fon génie particuli...
& fe reffemble plus ou moins.

Refte donc à dire que les germ...
font les produits des forces vitales...
regarde la génération comme une...
pèce de criftallifation. Les femen...
du mâle & de la femelle, en fe mêla...
font le même effet que deux fels,...
leur réfultat eft la criftallifation...
fœtus. Tous les corps affectent chac...
une figure particulière; chaque fe...
chaque métal, chaque pierre a fa cr...
tallifation; chaque animal, chaq...

lante a sa forme appropriée, qui ne
arie pas ; en un mot, tout cristallise
ans la nature : les grands globes eux-
mêmes sont vraisemblablement formés
ar cristallisation ; d'où, par analogie,
: conclus que la cause est la même (1).
es cristallisations ne diffèrent qu'en
e que dans les corps organisés il y a
es vides, des vaisseaux où circulent les
queurs; & dans les premiers, on n'en
oit pas ordinairement : cependant la
rompte cristallisation du sel marin
onne une trémie ; dans celle du nitre,
n trouve des canaux entiers ; s'il y a
n canal dans une aiguille de nitre, il
ourroit y en avoir plusieurs dans d'au-
es. Les différens arbres de Diane nous
ontrent des cristallisations arborisées,
ont la forme est très-élégante. M.
émery le fils (Mém. de l'Acad.) par
les dissolutions du fer dans l'acide ni-
reux, & précipité par l'alkali du tartre

___

(1) La forme de ces cristallisations dépendra
de la configuration des petits élémens des
corps, & de la nature de la force dont ils sont
animés. » Il n'y a aucune partie de matière qui
» n'ait en elle une force, en vertu de laquelle
» elle se combine ou tend à se combiner avec
» d'autres parties de matière, » dit M. Macquer:
& c'est la doctrine de tous les Chimistes.

en deliquium , a obtenu de ces criſta
liſations ſi reſſemblantes à des plante
qu'il demande ſi ce n'eſt pas au fer, qu'c
ſait être en abondance dans les vég
taux , qu'eſt dû l'heureux développe
ment de leurs germes , & l'élégance
de leurs formes. Les dendrites ſont trè
joliment arboriſées. Voilà donc d
vraies criſtalliſations qui rapprochen
beaucoup des corps organiſés ; mais d
nouvelles raiſons viennent fortifier cel
les-ci. Pluſieurs grands Phyſiciens
forcés par les faits , ne craignent poir
d'admettre des générations ſpontanée
& de dire que les moiſiſſures , les an
maux microſcopiques , dont la quan
tité eſt immenſe , les différens vers d
corps humain , les douves du foie d
mouton , &c. ne ſont point produits
comme les autres animaux , par un père
& une mère, & qu'ils ſont le réſultat d
parties animales qui ont pris cette forme
Effectivement, ſi on admettoit les germe
dans les eaux , dans les alimens , il
périroient en paſſant d'un lieu froid dan
d'autres auſſi chauds que les corps de
animaux ; & ſi c'étoit ainſi , on devroit retrouver les mêmes vers , le
tænia , par exemple , dans différens animaux , dont la chaleur ſeroit à peu

près la même, & on sait qu'ils diffèrent dans chaque espèce.

Ces parties n'ont pu former les êtres
vivans qu'en prenant telles & telles
formes, c'est-à-dire, en cristallisant de
telle ou telle façon, en raison de leurs
forces & figures. On a trouvé dans différentes parties du corps humain des
proportions vraiment organiques. Tyson
a trouvé dans un ovaire des cheveux
& des dents. M. Chevreuil vient de
donner (*Mém. de l'Acad.*) la descrip-
tion d'une tumeur dans un ovaire,
pleine de cheveux. On a tiré d'un sar-
cocèle plusieurs os. Toutes ces matières
sont organiques. Comment ont-elles pu
être formées, si ce n'est par la cristallisation des matières animales ?

Je pense donc que les semences ne
sont que des lymphes animales & végétales chargées de beaucoup d'huile
subtile, dont toutes les parties ont des
forces propres, & qui cristallisent
comme les sels. Etant plus composées
que les premiers élémens des sels, des
métaux & des pierres, elles doivent
donner par conséquent des cristallisations plus belles, des produits plus
composés ; & lorsque la cristallisation
sera troublée, elles formeront des
monstres.

DU FŒTUS

ET DE SES MEMBRANES.

LE petit embryon n'est pas formé
seul : la nature lui a donné des membranes pour l'envelopper & le nourrir ; car
le fœtus ne tire sa vie que du placenta.
Ce corps, qui est tout vasculeux, s'ap-
plique exactement au tissu de la matrice : leurs vaisseaux respectifs s'anas-
tomosent, & il s'établit une vraie circulation entre ces deux parties ; les
artères de la matrice, qui aboutissent
au placenta, prennent de l'extension,
& deviennent fort grosses : tout le sang
qu'elles versent est repris par une veine
considérable qui le porte à l'enfant,
& va se décharger dans un des sinus
de la veine porte au foie : de là il part
un canal dit veineux qui reprend ce
sang, & va le verser dans la veine
cave. Arrivé à l'oreillette droite, il
ne passe pas dans le ventricule droit ;
mais, enfilant le trou ovale, il se rend
au ventricule gauche, pour se distribuer dans tout le corps. Il se trouveroit bientôt en trop grande quantité, si

l'enfant

l'enfant n'en renvoyoit à la mère : auſſi part-il de chaque iliaque une artère qui en rapporte une partie au placenta.

L'enfant nage dans une liqueur claire, limpide, qui paroît une vraie lymphe ; elle eſt filtrée ſans doute par des vaiſſeaux lymphatiques du placenta. Le fœtus doit en avaler ; car le meconium qu'il rend après ſa naiſſance, ne peut être qu'un réſidu de digeſtion : peut-être ſes pores abſorbans, qui doivent être très-ouverts, en pompent-ils auſſi. Cette liqueur peut être auſſi augmentée par ſa tranſpiration, qui eſt la ſeule ſécrétion excrémentitielle qu'on puiſſe lui ſuppoſer. Il ne paroît pas qu'il urine : les reins chez lui ſont petits & flétris : les glandes ſur-rénales y ſuppléent, en en jugeant par leur volume ; mais on ne ſait pas comme elles agiſſent. Il ne rend point non plus d'excrémens dans le ſein de ſa mère : il ne ſe débarraſſe du méconium qu'après ſa naiſſance.

Tout le tiſſu dont eſt formé le corps de l'enfant eſt ſi foible & ſi délicat, qu'il cédera facilement à l'impulſion des fluides : il n'eſt pas néceſſaire pour en opérer l'extenſion que les forces motrices aient beaucoup d'énergie ; néan-

N

moins son cœur bat déja avec force &
vitesse ; les bras, les cuisses & le thorax
dont les artères font grosses, s'along[]
ront beaucoup. Dans le principe, c[]
ne font que des points, tandis que l[]
tête est fort grosse ; mais celle-ci n[]
prendra pas le même accroissement []
proportion que les autres parties : [s]e[]
artères, en entrant dans le crâne, []
dépouillent de leurs tuniques musc[]
leufes, & leurs efforts en font bie[]
moins considérables.

DE L'ACCOUCHEMENT.

LE fœtus prend chaque jour un ac[]
croissement considérable dans ces pr[]
miers temps, en raison du peu de co[]
fistance de ses solides ; il acquierra []
la force en même proportion : étan[]
mal à son aife dans la matrice, il s'[]
gite, & cherche à changer de situa[]
tion ; enfin arrive le temps où ses forc[]
étant plus considérables, il redoubl[]
ses efforts, & fait la culbute. La m[]
trice, irritée par toutes ces secousse[]
se contracte, & procure ainsi la fort[]
du petit animal.

On a beaucoup disputé pour favo[]

quelle étoit la cause de l'accouchement : on croyoit que la matrice ne pouvoit prêter que jusqu'à un certain point, passé lequel, revenant sur elle-même avec force, elle se contractoit, & expulsoit ce qui la distendoit ; mais tous les fœtus ne sont point de la même grosseur à beaucoup près, & leur nombre varie beaucoup : ils arrivent également à terme. Or, dans tous ces cas, la matrice est tantôt plus, tantôt moins distendue : ce n'est donc qu'à l'action des fœtus que sont dues l'irritation & la contraction de la matrice.

Rapprochons les grands phénomènes de la nature. Nous savons qu'elle opère toujours par les mêmes voies : chez l'ovipare la naissance du petit animal n'est-elle pas due uniquement à ses efforts pour rompre son enveloppe ? L'électricité accélère le moment où il doit voir le jour, parce qu'elle augmente le mouvement dans ses liqueurs, & hâte son développement : de même chez les vivipares, le fœtus ayant assez de force s'agite au point d'irriter la matrice ; elle se contracte, & procure ainsi la sortie de ce petit être. L'électricité accéléreroit-elle aussi sa naissance ? Les vaisseaux de la matrice, qui étoient

prodigieusement distendus , verse
beaucoup de sang dans ces premi
momens ; mais bientôt ils se resser
ront par leur élasticité.

La femme, pendant la grossesse ,
sujette à beaucoup d'incommodités
doivent être attribuées à la suppression
car , toutes les fois qu'une pareille su
pression a lieu, elle éprouve les mêm
accidens : je ne crois cependant
qu'ils soient seulement les effets de
pléthore. Dans d'autres cas, la pl
thore chez elle, ni chez l'homme, n'
point accompagnée de pareils sym
tômes ; mais le sang, se portant to
jours à la matrice, l'irrite ; ses spasm
troublent le système nerveux, sur-to
les plexus stomachiques , comme da
le malacia , d'où naissent les dégoû
& les vomissemens. Dans les parox
mes vaporeux , les mêmes dégoûts,
mêmes étouffemens ont lieu , par
que la matrice est d'une sensibilité e
quise: le grand intercostal va s'y perdr
& tous ses plexus sont irrités lorsq
ce viscère souffre : il est cependant d
femmes qui n'éprouvent aucun de c
accidens , parce que la matrice ch
elles est moins sensible.

DE L'URINE.

LES reins font le grand émonctoire par lequel la nature dépure la maffe des liqueurs, des fucs les plus groffiers ; c'eft une des fécrétions les plus abondantes, & elle devroit l'être davantage, dit Bacon, pour la fanté, parce qu'elle dépouille le fang de toutes fes parties hétérogènes ; elle eft fuppléée chez l'homme par la tranfpiration, qui n'emporte que les parties les plus fubtiles, & les groffières demeurent.

Effectivement l'urine eft très-chargée. M. Rouelle en a retiré, 1°. une grande quantité d'eau ; 2°. une partie extractive foluble dans l'eau, & nullement dans l'efprit-de-vin ; 3°. une matière qu'il appelle favonneufe, très-foluble dans l'eau & l'efprit-de-vin ; elle reffemble un peu au fucre & à la manne : cette matière criftallife & paroît faline, ce qui la rapproche du fel du petit-lait & du fucre ; enfin c'eft une vraie lymphe du genre de celles que nous avons appelées faline, que l'efprit-de-vin diffout comme le fucre.

Le mot favonneux, dont s'eft fervi M.

Rouelle, pourroit donner de fauss[es]
idées. On retire de cette substance
1°. du sel ammoniac ; 2°. de l'acid[e]
du sel marin ; 3°. de l'alkali volatil[e]
ces deux produits sont du sel ammonia[c]
décomposé ; 4°. de l'huile. Le charbo[n]
verdit un peu le sirop violat, ce qu[i]
annonce un alkali fixe.

La partie extractive de l'urine a tou[s]
les caractères de la lymphe gélatineuse
elle est soluble à l'eau, & ne l'est poi[nt]
à l'esprit-de-vin ; elle acquiert la con[-]
sistance de la gelée animale, mais ell[e]
est chargée de beaucoup de sels & d[u]
principe terreux.

Voici les sels qu'on trouve dans l'u[-]
rine ; 1°. le sel marin ordinaire ; 2°. l[e]
sel fébrifuge de Silvius ; 3°. le sel d[e]
Glauber ; 4°. du sel ammoniac ; 5°. un[e]
très-petite quantité d'alkali marin ; 6°. l[e]
fameux sel fusible qui est double, l'un [à]
base de natrum, & l'autre à bas[e]
d'alkali volatil ; 7°. une portion d'huile
8°. de la terre animale en très-petit[e]
quantité. L'urine de vache & celle d[u]
cheval contiennent encore beaucou[p]
d'alkali qui fait effervescence avec l[es]
acides, & une matière séléniteuse
une partie de ces sels sont le produi[t]
des forces vitales. Nous ne répéteron[s]
pas ce que nous en avons dit.

Tous ces principes dont font composées les urines, leur donnent beaucoup de caufticité ; auffi rien n'eft fi
commun que les ardeurs d'urine : ce
doit être fur-tout le principe terreux
qui lui fournit ces parties âcres. Effectivement, les urines font d'autant plus
ardentes, qu'il eft plus abondant,
comme on le voit chez ceux qui ont
la gravelle & la pierre : leurs urines ont
une caufticité prodigieufe. On ne fauroit dire que ce foient de petits fables
criftallifés qui, par leurs pointes, déchirent les parties par où ils paffent :
ces fables ont trop peu de denfité &
de poids pour produire cette fenfation
fur la veffie & l'urètre. Il faut que ce
foient les parties terreufes qui, diffou-
tes, ont une activité propre ainfi que
les fels, & qui irritent de la même
manière. De tous les élémens, le terreux eft celui qui a le plus de cette
force propre ; & ce font ceux dont les
urines dépofent le plus de cette terre,
qui ont les urines les plus ardentes ;
auffi les femmes font-elles moins fujettes à cette maladie, parce que dans
leur conftitution le principe terreux eft
en beaucoup moindre quantité que

chez l'homme ; & parmi les hommes,
ceux qui feront les plus expofés à ce
maux, feront tous ceux qui auront la
fibre sèche, & en qui le principe terreux abonde, comme les goutteux,
les vaporeux, les gens d'étude, &
ceux qui font un grand ufage des liqueurs fpiritueufes. Ce principe terreux
paroît le même que celui des os ; car
chez la veuve Supiot on s'affura que
toute la terre des os qui fe diffolvoient
s'en alloit par les urines.

L'urine fermente avec beaucoup de
facilité, & paffe promptement à la
putréfaction: elle contient une fi grande
quantité de parties lymphatiques, qu'il
n'eft point furprenant que la fermentation s'y développe auffi facilement.

DE L'HUMEUR

DE LA TRANSPIRATION.

LA tranfpiration, foit la fenfible
comme la fueur, foit l'infenfible, paroît fort analogue à l'urine : une
évacuation fupplée à l'autre. Lorfque
le cours des urines eft augmenté, la

transpiration diminue dans la même
proportion; mais aussi lorsque l'on transpire beaucoup, comme dans les grandes chaleurs, les violens exercices, on
urine très-peu : les principes de la transpiration doivent cependant être beaucoup plus déliés que ceux de l'urine.
Au reste, on ne peut rien assurer jusqu'à ce qu'on ait analysé la sueur, pour
savoir si on en extrairoit les mêmes principes, la terre, tous les différens sels, &
les parties extractives & savonneuses.
Quoique l'analogie portât à croire qu'on
les y trouveroit jusqu'à un certain point,
ils doivent y être moins abondans : les
pores de la peau sont trop petits pour
qu'ils puissent s'échapper en certaine
quantité, & elle ne séjourne point
comme le fait l'urine dans les reins &
la vessie.

L'insensible transpiration contient
encore beaucoup d'esprit nerveux : celui
qui se trouve dans les nerfs cutanés,
est emporté par cette voie, & devient le
principe de l'odeur particulière de chaque espèce d'animal & de chaque individu. Peut-être y a-t-il aussi de l'esprit séminal de mêlé; car les animaux qui ne
sont pas hongrés, ont l'odeur beaucoup plus forte que ceux qui le sont,

fur-tout lorfqu'ils ont fait de grands
exercices ; & les grands travaux diminuent la quantité de cet efprit.

L'humeur de la tranfpiration eft filtrée par les glandes miliaires qui fe
trouvent à la furface de la peau fous
l'épiderme ; on y rencontre également
d'autres pores dits abforbans, qui repompent des liqueurs du dehors : on
nourrit par des bains de lait, des onc-
tions huileufes, &c.

Les parties extérieures du corps ne
font pas les feules qui tranfpirent &
qui afpirent : toutes les intérieures en
font autant. Dans toutes les grandes
cavités, il y a une tranfpiration intérieure plus ou moins abondante, &
il fe trouve également des pores abforbans qui repompent toute cette vapeur. Qu'on injecte de l'eau dans l'abdomen d'un chien, qu'on l'ouvre quelques heures après, tout aura été ré-
forbé ; & je crois qu'une des caufes
les plus communes des hydropifies &
des épanchemens dans les cavités,
vient du défaut des pores abforbans,
qui ne peuvent repomper toute cette
vapeur intérieure : l'épanchement commencé affaiffe de plus en plus ces pores,
dont l'action fera encore diminuée ; il

fe peut auffi que, les pores abforbans exerçant la même action, la tranfpiration augmente par la diffolution du fang. C'eft encore cette tranfpiration intérieure qui fournit l'eau que l'on trouve quelquefois dans le péricarde, & les ventricules du cerveau.

La tranfpiration infenfible eft très-abondante. Sanctorius a démontré qu'en Italie elle alloit aux cinq huitièmes des alimens ; elle eft moins confidérable dans les pays froids : Dodart ne l'a pas trouvée auffi abondante en France ; & en Angleterre, elle l'eft encore moins. L'été elle eft auffi plus copieufe qu'elle ne l'eft l'hiver : pour lors, elle eft fuppléée par les autres excrétions, les urines, les crachats, &c.

La tranfpiration doit être beaucoup moins abondante chez les animaux que chez l'homme ; leur peau étant toute couverte de poils, d'écailles, de plumes, les pores en font moins ouverts : auffi perdent-ils beaucoup moins ; & ils ne mangent pas autant à proportion que l'homme : leurs pores abforbas doivent, par la même raifon, avoir beaucoup moins d'action.

Il y a également une tranfpiration d'air. Il a été démontré qu'il fort une

très-grande quantité d'air phlogiſtiqué
du corps de l'homme ; la même choſe
a lieu chez tous les êtres organiſés ,
mais particulièrement chez l'inſecte &
le végétal , dont toutes les trachées
aboutiſſent à la ſurface du corps. Cette
tranſpiration leur eſt de la dernière
néceſſité : ils périſſent dès qu'elle eſt
ſupprimée ; mais il y a une grande
différence entre la nature de l'air que
tranſpirent les animaux , & les végétaux. Les plantes abſorbent beaucoup
d'air par leurs feuilles , les inſectes par
leurs trachées ; d'où il paroît vraiſemblable que les autres animaux en abſorbent auſſi par leurs pores abſorbans.
Hales a fait voir que la quantité d'air
où eſt expoſé un animal, diminue conſidérablement ; il eſt vrai que tout l'air
qui paroît manquer n'eſt pas entièrement abſorbé : il eſt en partie diminué
par le phlogiſtique qui ſort du corps
de l'animal ; mais cependant une partie
eſt réellement abſorbée , c'eſt ſur-tout
l'air fixe, ſi utile pour rafraîchir les liqueurs & revivifier le ſang.

DES HUMEURS

DE L'ŒIL.

L'ŒIL, cet organe si précieux, est composé de muscles, de membranes & de nerfs en forme de globe. Ces membranes laissent deux cavités qui sont pleines de différentes liqueurs. La chambre antérieure est remplie d'une liqueur qui paroît purement séreuse, à peu près de la nature des larmes; elle ne se coagule point, comme la lymphe glutineuse, au feu ; elle ne paroît être qu'une eau chargée d'une très-petite portion de lymphe gélatineuse : sa limpidité peut être altérée ; dans l'ictère, elle prend une teinte jaune : un coup violent à l'œil brise de petits vaisseaux sanguins , & le sang qui s'y mêle la trouble.

Elle tire son origine des petits vaisseaux qui la filtrent , d'autres la repompent ; car , ainsi que toutes nos humeurs , il faut qu'elle se renouvelle , & on sait qu'elle se régénère très-promptement lorsqu'elle s'épanche. Dans l'opération de la cataracte , elle

l'eft en peu de jours ; il faut par conféquent qu'elle fe filtre en abondance.

La chambre poftérieure de l'œil contient l'humeur vitrée & la criftalline;
c'eft une lymphe de la plus grande tranfparence, enfermée dans les cellules de
la membrane yaloïde ; elle eft filtré
par des vaiffeaux particuliers qui la
dépofent, tandis que d'autres la repompent. Sa nature eft entièrement différente de celle de l'humeur aqueufe;
c'eft une lymphe glutineufe qui fe coagule au feu comme le blanc d'œuf.
L'humeur vitrée peut être altéréecomm-
toute autre liqueur animale ; elle s'é-
paiffit & perd fa tranfparence dans la
cataracte & le glaucome, fe converti
en pus dans l'ulcère de l'œil, & peu
même devenir carcinomateufe.

Ces liqueurs, l'aqueufe, la criftalline
& la vitrée, contiennent encore peut-
être quelques fels, comme toutes les
liqueurs animales, vraifemblablemen-
du natrum ; mais l'analyfe n'en a poin-
encore été faite.

Leur ufage eft pour réfracter les
rayons de lumière, comme nous l'a-
vons expliqué : la lentille criftalline
n'eft cependant point de première néceffité pour la vifion. Aujourd'hui

dans l'opération de la cataracte, on l'enlève entièrement, & la vision n'en souffre point ; néanmoins, la nature ne faisant rien d'inutile, il faut en conclure que cette lentille n'a été placée & enchatonnée avec tant d'art, que pour prévenir l'applatissement du corps vitré, ainsi qu'elle a placé la membrane du timpan pour empêcher que rien ne pénètre dans l'intérieur de l'oreille, & n'aille déranger les parties essentielles à l'ouie.

DES LARMES.

LA nature a placé dans toutes les parties sujettes aux frottemens, des glandes qui filtrent une humeur pour en adoucir les mouvemens : l'œil, qui se meut sans cesse, en avoit plus besoin que nulle autre. Aussi lui a-t-elle donné à cet usage la grosse glande lacrymale, qui verse les larmes en grande abondance ; elles servent à lubréfier l'œil & à en faciliter les mouvemens : de-là, elles vont se rendre au nez par les points lacrymaux & le canal nasal, où elles opèrent le même effet. Lorsqu'elle ne sont pas en quantité suffisante, l'œil a

de la peine à rouler dans son orbite,
& ne le fait que douloureusement ; le
nez n'est point non plus assez humecté,
& on y sent une sécheresse.

Mais quand 'on est profondément
affecté , les larmes coulent en grande
abondance, sur-tout dans le chagrin :
sans doute ceci dépend de l'irritation
du système nerveux qui est crispé, &
par conséquent comprime la glande
lacrymale ; les artères pour lors lui fournissent de nouveaux sucs en abondance ; les nerfs viennent des paires
cérébrales , & sont très-sensibles. Dans
la joie, les larmes coulent aussi : cependant, quoique l'effet soit le même,
l'impression est bien différente ; les
larmes de la douleur sont amères,
& celles du plaisir on ne peut plus
douces.

Les larmes paroissent à peu près de
la nature de l'humeur aqueuse de l'œil,
une eau claire , limpide , chargée d'un
peu de lymphe gélatineuse ; elles ne
se coagulent point au feu : peut-être
contiennent-elles aussi quelques sels.

DE L'HUMEUR

DES

GLANDES SÉBACÉES.

CES glandes font de petits follé-
cules qui se trouvent à la peau ; elles
filtrent un suc épais qui paroît suifeux ;
je le crois de la nature de la graisse, une
huile qui n'est point encore animalisée , & qui est unie à un acide : lorsqu'il est déposé par les vaisseaux sanguins , il est plus fluide sans doute ,
mais il s'épaissit en séjournant.

Ces glandes se trouvent à toute la
surface du corps, mais sur-tout au nez,
aux oreilles, aux aines, au scrotum, à
l'anus : l'humeur qui se filtre dans chacune a cependant quelques légères différences ; celle des glandes des aisselles
ne ressemble point à celle des glandes
du nez : leur odeur n'est point non
plus la même. L'usage auquel les emploie la nature , est de lubréfier les
parties , en faciliter les mouvemens ,
diminuer les frottemens , & empêcher qu'elles ne soient entamées par

des ſucs trop âcres ; elles préſervent
la peau de toute impreſſion du dehors
& empêchent qu'elle ne ſoit macérée
par l'eau. Les oiſeaux en ont une quantité conſidérable au croupion, ſur-tout
les oiſeaux d'eau, pour huiler leurs
plumes.

DU SUC OSSEUX.

LES os ſont compoſés d'un tiſſu cellulaire, dans les mailles duquel ſe dépoſe un ſuc particulier qui leur donne
de la conſiſtance : c'eſt le ſuc oſſeux
qui n'eſt qu'une lymphe glutineuſe chargée de parties terreuſes de la nature
de la calcaire, à laquelle eſt unie une
grande quantité d'air fixe & d'acide
phoſphorique. La partie terreuſe ſeule
n'auroit pu prendre de la conſiſtance,
mais elle eſt liée par la lymphe : on
peut s'en aſſurer facilement ; car un os
mis dans un acide affoibli perd toute
ſa partie calcaire, & devient mou
comme de la gelée ; d'un autre côté
dans le digeſteur de Papin, on extrait
toute la partie gélatineuſe.

Cette partie calcaire des os eſt le
produit des forces vitales ; car on ne

la rencontre point dans les alimens
des animaux. Elle varie un peu chez
les différentes efpèces ; celle des coquilles peut faire de la vraie chaux, &
nulle autre n'en feroit. L'excédent de
cette terre eft charié & emporté par
les urines ; elle fera d'autant plus abondante, que les forces vitales auront
plus d'énergie : les os des animaux des
pays froids en contiennent moins que
ceux des pays chauds : chez la femme
ce principe eft auffi moins abondant
que chez l'homme. Nous avons vu que
la lymphe glutineufe eft auffi plus abondante en raifon de l'énergie des forces
vitales : auffi paroît-elle contenir pour
lors plus de fuc offeux, & elle en dépofe où elle n'a pas coutume de le
faire, dans les tendons, les gros troncs
artériels, &c.

DE LA SYNOVIE.

LA fynovie eft une humeur gluante,
vifqueufe & tranfparente, qui eft filtrée
par des glandes particulières, pour lubréfier l'articulation, en faciliter les
mouvemens & en adoucir les frottemens : c'eft pourquoi la nature en a

placé une plus grande quantité dans
les articulations qui exécutent de vi
lens mouvemens ; le ſuperflu eſt
pompé par les pores abſorbans,
rentre dans le torrent de la circulation

La ſynovie eſt une lymphe animal
qui approche beaucoup du ſuc oſſeux
ſi ce n'eſt pas le ſuc oſſeux lui-même
elle prend de la conſiſtance, & ſous
bientôt une articulation qui n'a poin
de mouvement : cette analogie av
le ſuc oſſeux, attire toujours ſur l
articulations l'humeur goutteuſe, qu
n'eſt qu'un ſuc oſſeux trop abondan
peut-être la ſynovie elle-même.

DU SENTIMENT.

LA nature a donné des formes pl
ou moins élégantes aux minéraux : l
pierres, les ſels, les métaux, ont chac
une configuration appropriée. Elle
plus fait pour les végétaux : ce ſo
de belles machines qui ſe nourriſſent
prennent de l'accroiſſement, & peu
vent ſe reproduire, mais qui ne qui
tent point le lieu où elles ont pr
naiſſance. L'organiſation des animau
eſt encore bien plus parfaite que cell

du végétal : les organes en sont plus
déliés, & les fonctions beaucoup plus
variées. Mais ils ont été élevés infiniment au desfus de l'état de pure machine, par le sentiment dont ils ont été
doués ; c'est la qualité brillante de
l'animal qui le met au premier rang ;
le sentiment l'anime, & le fait communiquer avec tous les êtres ; il les
embrasse tous, se les approprie, &
ainsi sa substance paroît s'étendre autant
que la nature.

Mais chaque animal ne paroît pas
avoir le même degré de sentiment.
Dépendant uniquement des nerfs, il
sera d'autant plus exquis, que les organes seront pourvus d'une plus grande
quantité de nerfs, & que ces nerfs
eux-mêmes jouiront d'une plus grande
sensibilité : celui qui aura les nerfs très-
sensibles, aura une délicatesse dans le
sentiment, que ne pourra jamais acquérir celui dont la fibre plus grossière
sera mue plus difficilement ; cependant cette sensibilité peut s'accroître,
& c'est en cela que consiste la perfectibilité de l'animal : car la fibre peut
acquérir une grande mobilité par l'exercice : l'animal qui aura beaucoup exercé
ses sens, prendra une délicatesse de

sentir qu'il n'avoit point dans le principe : l'oreille du muficien devient d'une fenfibilité que ne conçoit pas celui qui n'a jamais exercé la fienne : à peine celui-ci peut-il faifir l'air le plus fimple, & un feul rapport des parties les plus compofées de nos grands morceaux de mufique n'échappera pas à l'autre : c'eft un principe auquel on ne fauroit trop faire d'attention dans l'économie animale. Nous avons vu quelle influence cette perfectibilité a fur les différentes fonctions, & quelle diftance elle met entre le corps robufte, mais rude, de l'animal fauvage ou de l'homme de nature, & la machine délicate de notre homme policé ; elle fe fait encore plus obferver dans le fenforium que dans aucune autre partie. La différence immenfe qu'il y a de Newton ou de Corneille à un Hottentot confifte dans l'organifation de leur fenforium. Cette perfectibilité ne fera pas la même chez les différens animaux ; elle variera en raifon de leur organifation : le chien a les cornets du nez fort étendus, l'aigle a l'œil excellent, l'homme le cerveau très-volumineux ; ainfi, dans ces différentes efpèces, ces fens fe perfectionneront plus que dans les autres

Les anciens ne comptoient que cinq
sens chez l'homme ; mais ils donnoient
trop d'étendue à celui du toucher,
auquel ils rapportoient des senfations
qui en sont entièrement distinctes : les
yeux voient, les oreilles entendent,
le nez flaire, la bouche goûte, les
mains palpent ; mais il est beaucoup
d'autres sensations : l'arrière-gorge
éprouve la soif, l'estomac la faim, &
la sensation d'être rassasié ; les entrailles
s'épanouissent & tressaillent de plaisir,
elles sont resserrées par la douleur ; les
organes de la génération font goûter
la sensation la plus vive ; les voies uri-
naires ont leur sens ; enfin il n'est aucune partie du corps qui n'ait sa façon
particulière de sentir.

Tous les animaux ne paroissent pas
avoir reçu le même nombre de sens ;
il en est même à qui on n'en connoît
aucun que le sentiment du toucher &
celui du goût : chez l'huitre, la moule,
l'ortie, &c. on ne peut rien appercevoir qui approche de la configuration
extérieure des sens des autres animaux ;
on n'en connoît également aucun au
polype.

L'animal ne sait pas se servir de ses
sens, ni d'aucune partie de son corps,

qu'il ne les ait exercés ; il faut qu'il
apprenne à marcher , voir , entendre , goûter , flairer. Commen[t]
pourra-t-il acquérir ces connoiſſances[?]
Comment la volonté meut-elle les différentes parties du corps, ne connoiſſan[t]
nullement les nerfs & les muſcles qu[i]
ſont néceſſaires à ces mouvemens?

Le corps ne ſe meut que par le moyen
des muſcles , & les muſcles eux-même[s]
ne ſont mus que par les nerfs : chaque
muſcle eſt pourvu d'une quantité
de nerfs proportionnée à l'effort dont
il eſt capable : tous ces nerfs partent du ſenſorium , doù ils reçoivent
l'eſprit moteur ; mais cet eſprit eſt contenu dans des véſicules qui ont des
ſphincters , & qui lui ferment le paſ-
ſage ; il faut donc une cauſe quelconque
qui puiſſe vaincre la force de ces
ſphincters , & faire couler une aſſez
grande quantité d'eſprit nerveux pour
contracter le muſcle ; c'eſt ce qu'opère
tout ce qui fait une impreſſion forte
ſur les nerfs , ſans que nous puiſſions
bien en expliquer le mécaniſme. Les
fluides produiſent dans chaque partie
une irritation ſur les nerfs , qui envoie
dans toute la machine une quantité
ſuffiſante d'eſprit nerveux pour y entretenir

tretenir la vie & le fentiment, & les contracter avec plus ou moins de force.

Les différentes fenfations produifent le même effet pour les mouvemens ordinaires; & par l'irritation qu'elles caufent aux véficules animales, elles en font couler l'efprit dans les mufcles. Le jeune animal ne fait faire nul ufage des différentes parties de fon corps : un objet nouveau vient-il l'affecter ? il caufe des envois irréguliers d'efprit vital dans tous les nerfs de fon corps ; auffi fera-t-il tout en mouvement : vous voyez le petit animal s'agiter tout entier. Suppofez qu'il ait vu un fruit ; bras, jambes, tête, tout fe meut chez lui pour s'en approcher & le faifir : que par hafard il le fprenne avec les dents, de nouvel efprit coulera dans les mufcles qui meuvent les mâchoires, & il le mangera. Cette fenfation répétée fouvent, la vue de ce fruit rappellera tout le plaifir qu'il a procuré ; le fens interne en fera affecté, & auffitôt il coulera de l'efprit en quantité ; les mains le faififfent & le portent à la bouche, & il eft mangé. Ces mouvemens répétés un certain nombre de fois, fe feront avec la dernière faci-

O

lité ; l'animal exécutera ainsi tous le
mouvemens qu'il souhaitera, fans con
noître le mécanifme de fon corps
ni quels nerfs ou quels mufcles il doi
mouvoir.

Et ce qui confirme bien que c'e
la vraie caufe des mouvemens des ani
maux, c'eft que, s'ils veulent exécute
de certains mouvemens auxquels ils n
foient point familiarifés, ils ne le pour
ront pas. Que de temps ne faut-il pa
au Muficien pour pouvoir tirer de fo
inftrument ces fons fi variés & fi agréa
bles ? Tous les autres talens du corp
font dans le même cas : il faut beau
coup d'exercice au Peintre, au Gra
veur, à l'Ecrivain, au Danfeur, &c
pour parvenir à la perfection de leu
art ; c'eft ce qui conftitue les habitudes
De cette ftructure du fenforium & de
nerfs, il s'enfuit que quand les ani
maux feroient de pures machines
comme l'a dit Defcartes, ou qu'o
admettroit l'harmonie préétablie d
Leibnitz, ils exécuteroient les même
mouvemens que nous leur voyon
faire.

Il en eft cependant qui font bien plu
faciles au jeune animal que d'autres
ceci dépend d'une autre caufe. Un

xpérience conftante fait voir que l'a-
nimal tient beaucoup de fes parens;
l en a la taille, la figure & la force;
l eft même de certaines maladies qui
ui font tranfmifes. La même reffem-
lance qui eft à l'extérieur, fe retrouve
lonc dans la ftructure interne des par-
ies, & dans la conftitution des li-
uides; par conféquent le fenforium
lu jeune animal, ainfi que les autres
ifcères, reffemblera à celui de fes pa-
ens : les différentes fibres en feront
lus ou moins fenfibles, fuivant qu'elles
uront été exercées chez ceux-ci;
uffi a-t-il le même efprit, les mêmes
nclinations, les mêmes paffions. C'eft
ette reffemblance du fenforium qui
onftitue les inftincts : le jeune canard
n fortant de fa coquille fe jette à l'eau,
e jeune faon broute l'herbe, le lion-
eau mange de la chair, parce que
elles étoient les inclinations de leurs
arens.

Mais revenons aux fens. L'animal ne
ait pas s'en fervir qu'il les ait exercés :
l faut qu'il apprenne à voir, entendre,
oûter, flairer, comme il apprend à faire
ous les autres mouvemens. Au premier
noment de fa naiffance, la peau, qui
a toujours été humectée par des li-

O ij

queurs, eſt très-fine, très-délicate ; &
comme elle a très-peu d'épaiſſeur, les
papilles nerveuſes ſont preſque toutes
à découvert : cependant les premiers
jours leur ſenſibilité ſera émouſſée,
parce que les fluides dans leſquels il na-
geoit ont un peu macéré les parties ;
les ſens s'en reſſentiront également ; le
goût, l'odorat ſeront obtus : il faut
quelques jours pour que l'animal jouiſſe
de la vue ; la cornée demeure long-
temps ridée, & les rayons de lumière
ne peuvent pénétrer juſqu'à la rétine ;
quelques animaux ont même les yeux
fermés les premiers jours. Nous ne ſa-
vons ce qui ſe paſſe dans l'oreille ; l'a-
nalogie nous porte cependant à croire
qu'elle eſt également dépouillée de
ſenſibilité dans les premiers momens.

Mais toutes les parties ayant repris
la fermeté qu'elles doivent avoir, les
nerfs recouvreront toute leur ſenſibilité ; elle ſera très-grande, parce qu'ils
ſont preſque tous à découvert : auſſi
le jeune animal jouit-il de la ſenſibilité
la plus exquiſe.

DU TOUCHER.

LE toucher eft pour ainfi dire le fens univerfel, puifque toutes les autres fenfations ne font que des efpèces de toucher; mais il eft plus fpécialement affecté au fentiment qu'éprouve la furface du corps par l'attouchement : il variera beaucoup chez les différentes efpèces d'animaux. Les quadrupèdes ont le corps couvert de poils, les oifeaux le font de plumes, les reptiles, les poiffons le font d'écailles, la plupart des infectes de parties écailleufes : ainfi toutes ces efpèces ne peuvent avoir qu'un fentiment fort obtus. Ce feront donc les finges dont la furface du corps eft dégarnie en partie de poils, & fur-tout l'homme, chez qui ce fens aura une grande délicateffe. Toutes les parties de la peau ne font pas également fenfibles : les lèvres, les mamelons, l'extrémité des doigts, le font beaucoup plus que les autres. Mais c'eft principalement la main de l'homme qui paroît poffeder le tact au plus haut point. Divifée en plufieurs doigts flexibles, & pourvue d'une

O iij

grande quantité d'expanſions nerveuſes, elle embraſſe les corps, & en ſaiſit
les formes; elle en ſent les différentes
qualités, leur dureté, leur molleſſe,
&c. : enfin on peut dire que la main
nous donne les connoiſſances les plus
approfondies que nous ayons des corps;
auſſi l'a-t-on appelée, avec raiſon, le
ſens philoſophe. Les autres animaux
connoîtront des ſurfaces, mais ils ne
peuvent avoir aucunes connoiſſances
des qualités de la matière. Le ſinge,
dont la main approche ſi fort celle de
l'homme, & l'éléphant qui fait avec
ſa trompe les mêmes opérations que
notre main, ſemblent partager ou approcher notre intelligence.

DU GOUT.

LA nature voulant conſerver ſon
ouvrage, ne s'eſt pas contentée d'at-
tacher une ſenſation très-déſagréable
au beſoin de prendre des alimens pour
réparer les pertes continuelles; elle a
plus fait, elle y a mis un plaiſir très-
vif : c'eſt le ſens du goût. Tous les
animaux ont du plaiſir à manger, indépendamment de la faim qu'ils font

cesser ; mais ce sens doit beaucoup varier chez les différentes espèces. Les oiseaux, qui ne vivent que de grains qu'ils ne mâchent pas, ne doivent point avoir le même plaisir que ceux qui broient les alimens, dont les sucs qui s'en développent affectent les organes du goût. Chez les frugivores, qui mangent presque tout le jour, il doit être fort délicat par l'exercice continuel qu'ils en font. Il paroît effectivement qu'il est plus exquis chez eux que chez l'homme, par un discernement qu'ils savent mettre dans le choix de leurs alimens, dont celui-ci ne seroit pas capable ; il est vrai que le sens de l'odorat, qu'ils ont si exquis, peut beaucoup les aider dans ce choix.

Le principal siège du goût paroît être la langue, dont les papilles nerveuses qui s'épanouissent à sa surface sont très-sensibles. Néanmoins toutes les autres parties de la bouche goûtent aussi ; car on a vu une femme qui, quoique sans langue, parloit, & avoit le sens du goût.

Le goût est un sens qui donne des connoissances très-bornées ; mais c'est en lui que paroît consister le bonheur des animaux ; il les occupe uniquement ;

ils ne paroiſſent exiſter que pour manger.
un inſtant la nature développe en eux
un beſoin plus preſſant encore, celui de
l'amour, mais il n'eſt que paſſager. Pour
l'homme de la ſociété, le beſoin de ſe
nourrir eſt un de ceux qui l'occupent
le moins ; le ſens interne développé
lui donne une multitude de beſoins,
fait naître mille paſſions qui tour à
tour le dominent.

DE L'ODORAT.

CE ſens paroît moins utile à l'homme
& aux ſinges, qu'il ne l'eſt aux autres
animaux. L'odorat leur tient lieu du
ſens du toucher, dont ils ſont preſque entièrement privés ; ils flairent tout
ce qu'ils ne connoiſſent pas, avant d'oſer
y toucher : auſſi ce ſens eſt-il beaucoup
plus exquis chez eux que chez nous.
Il eſt ſurprenant à quelle diſtance l'o-
dorat s'étend chez l'animal. Un chien,
un taureau, flaireront un loup à un
grand éloignement : un chameau au
milieu des déſerts flaire une fontaine
diſtante de pluſieurs centaines de toiſes.
Il paroît que les Américains, lors de
la découverte, avoient ce ſens beau-

coup plus parfait que ne l'a communément l'homme, puisqu'ils connoissoient à l'odorat où avoit passé un Espagnol.

C'est à l'exercice continuel que fait l'animal de ce sens, qu'est due sa grande sensibilité. On sait combien chez les aveugles les autres sens, qui sont obligés de suppléer à celui de la vue, en deviennent plus exquis ; ce qui prouve de plus en plus ce que nous avons dit tant de fois, que la sensibilité des nerfs & du sensorium augmente en raison de l'usage qu'on en fait.

Le siège de l'odorat est dans la membrane pituitaire ; & dès qu'elle est lésée, ce sens est perdu : il sera d'autant plus exquis, qu'elle sera plus étendue. C'est une nouvelle raison pour laquelle les quadrupèdes l'ont plus parfait que le singe, parce qu'ayant les os maxillaires beaucoup plus alongés, les cornets du nez sont plus étendus. La membrane pituitaire a une correspondance particulière avec le nerf intercostal & le diaphragme, puisque, lorsqu'elle est irritée, elle produit l'éternument : c'est aussi pourquoi les odeurs produisent de si grands effets sur tout le système nerveux.

O v

Nous ne savons si tous les animaux ont le sens de l'odorat : les quadrupèdes, les oiseaux, les reptiles, l'ont certainement. Beaucoup d'insectes flairent également, si tous ne le font pas : les mouches sont attirées par l'odeur pour venir déposer leurs œufs, ainsi que les scarabés, &c. Les poissons ne paroissent pas privés de l'odorat ; mais les coquillages, les zoophites, l'ont-ils ? Ce sens étant très-nécessaire à l'animal pour le choix des alimens, ils n'en doivent pas être dépourvus. Effectivement le coquillage ne mange pas indifféremment de tout : on diroit donc qu'il flaire auparavant de se décider.

DE L'OUIE.

LA nature a donné à l'animal le sens de l'ouie pour l'avertir de ce qui se passe autour de lui, & pour suppléer à la vue. On ne voit que les objets qui sont en face, parce que la lumière ne se propage qu'en ligne droite, au lieu que les sons se communiquant en toutes sortes de directions, parviennent toujours à l'oreille, pourvu qu'ils ne soient pas trop éloignés. Ils ne donnent pas à l'animal des connoiffances auffi variées, auffi diftinctes que la lumière, mais elles ne lui font pas moins utiles : on pourroit même douter fi elles ne le font pas davantage dans l'état focial.

Les fons, comme plus commodes, plus faciles à produire, ont été choifis par tous les animaux en fociété pour fe communiquer ce qui les intéreffoit. Les grandes fociétés d'oifeaux s'avertiffent des dangers par des cris différens : les marmottes donnent un coup de fifflet pour annoncer la préfence du chaffeur : le caftor a également fon fignal. Mais c'eft fur-tout l'homme qui en a tiré le plus grand parti, par l'invention de l'art de la parole ; il exprime non-feulement fes fentimens, mais les idées les plus abftraites ; & par la facilité de les communiquer, il fait paffer chez fes femblables toutes les impreffions qu'il veut : il profite de leurs réflexions, & leur fait part des fiennes.

L'oreille eft le fens par lequel l'animal entend. C'eft un organe très-compofé : chez l'homme on y obferve deux conduits extérieurs, le méat auditif & l'aqueduc d'Euftache. Le méat

O vj

auditif eft fermé par une membrane
qu'on appelle toile du timpan ; au-delà
fe trouve une grande cavité nommée
caiffe du tambour, pleine d'air, & qui
communique par l'aqueduc d'Euftache
avec la bouche. Dans la caiffe du
tambour, fe trouvent quatre petits of-
felets appelés, de leur configuration,
marteau, enclume, étrier, & lenticu-
laire. La troifième partie de l'oreille
eft le labyrinthe ; on y remarque trois
cavités : l'une dite la conque, eft le
centre du labyrinthe ; elle communique à la caiffe du tambour par les
deux trous ou fenêtres fermées par des
membranes : les deux autres cavités
font les trois canaux demi-circulaires,
& la coquille ou limaçon, qui communique avec le labyrinthe fans l'in-
termède d'aucune membrane. La coquille eft faite comme un limaçon,
dont les fpires vont toujours en diminuant, & eft divifée dans toute fa longueur par une membrane, qui n'eft
que l'expanfion de la partie molle du
nerf auditif, enforte que fon développement formeroit une figure triangulaire : c'eft dans cette partie qu'eft le
fiège de l'ouie ; toutes les autres font
acceffoires. On a vu le tympan & les of-

felets manquer, fans que l'ouie ait été intéreffée, au moins pour quelque temps : ainfi elles ne paroiffent qu'une fuite des attentions de la nature pour pré-ferver fon ouvrage. Les fibres de la membrane du limaçon, par fa conftruc-tion, deviennent de plus en plus cour-tes, & peuvent donner toute la variété des tons.

Nous ne favons fi tous les animaux ont le fens de l'ouie : les grandes ef-pèces entendent, on ne fauroit en dou-ter. Il ne paroît pas non plus qu'on puiffe le refufer aux poiffons, qui fe retirent au moindre bruit; mais la plu-part des infectes entendent-ils? nous n'en favons rien; il en eft cependant, tels que les abeilles, qui reçoivent les impreffions des fons, ce qui feroit pré-fumer que la plupart des autres enten-dent également.

DE LA VUE.

LE toucher & le goût étendent peu l'exiftence de l'animal; il faut que les objets lui foient contigus pour qu'il puiffe les toucher, qu'il puiffe en ap-percevoir la faveur. Les odeurs com-

mencent à lui faire appercevoir des
êtres à une certaine distance de lui:
les sons lui en annoncent encore de
plus éloignés ; mais ce sont des sens
qui lui donnent des connoissances très-
imparfaites, & par leurs moyens il
n'eût jamais pu acquérir une idée de
cet univers. Mais la nature paroît lui
avoir donné le sens de la vue pour
qu'il pût saisir l'ensemble de ses ouvrages, les comparer, les rapporter
les uns aux autres, & les admirer : les
autres sens ne lui donnent que des connoissances de détail ; celui-ci, fait voir
les masses, développe l'idée de rapport, de beau & de simétrie ; & plus
ce sens est étendu, mieux l'animal
voit ; plus ses idées s'étendent, mieux
elles embrassent les grandes vues de
la nature. L'oiseau qui plane dans les
airs, & domine sur toute une région,
acquiert des idées beaucoup plus saines
de la grandeur, & des vrais rapports
que doivent avoir différens êtres répandus dans l'espace ; au contraire,
tout doit se rappetisser pour celui qui n'a
pas la vue étendue : il doit être concentré dans un cercle étroit d'idées.

L'œil est l'organe de la vue ; il est
enveloppé de l'aponévrose des six mus-

cles qui le meuvent, les quatre droits
& les deux obliques. Cette aponévrose,
donne à l'œil ce beau blanc ; c'est pourquoi elle s'appelle albuginée. Une de
ses duplicatures forme la conjonctive
qui unit l'œil aux paupières. Au dessous
de cette aponévrose, se trouve la sclé-
rotique ou cornée opaque, qui vient, en
s'amincissant, former la cornée transparente. La cornée se divise : une de ses
lames va former l'iris qui est percée
au milieu d'un trou rond appellé pru-
nelle ou pupille. L'iris est flotante, &
sépare l'espace compris entre la cornée
& le cristallin en deux, qu'on appelle
chambres aqueuses, parce qu'elles sont
pleines de l'humeur aqueuse ; elle est
pourvue d'une grande quantité de nerfs
qui la dilatent ou la resserrent, suivant
la force des rayons de lumière qui pénètrent dans l'œil. Le cristallin se pré-
sente ensuite : c'est un corps lenticu-
laire enchâssé dans le ligament ciliaire,
& plusieurs replis de la membrane
yaloïde. Vient le corps vitré, qui est,
ainsi que le cristallin, une lymphe glutineuse de la plus grande transparence,
épanchée entre différentes lames d'un
tissu cellulaire on ne peut plus dia-
phane. Enfin, au fond se trouve la ré-

tine, membrane toute nerveuse, formée de l'expanfion du nerf optique ; elle eft appliquée fur la choroïde qui eft teinte en noir, pourvue de beaucoup de nerfs, & qui ne paroît qu'une duplicature de la fclérotique.

Les rayons vifuels venant tomber fur la furface convexe de la cornée, traverfent les deux chambres aqueufes ; en paffant dans un milieu plus denfe que l'atmofphère, ils fe réfraétent, & deviennent convergens. Arrivés au crif-tallin, ils fe croifent, & vont peindre l'objet renverfé fur la rétine ; l'im-preffion s'en tranfmet au fenforium, & de là au principe fentant. La même chofe fe paffe dans les deux yeux ; & cependant leur vifion réunie, n'a qu'un treizième de plus de force que celle d'un feul. Les humeurs de l'œil n'ont été ainfi placées que pour réfraéter les rayons : le criftallin n'eft cependant point néceffaire ; il ne fait pas plus d'effet que le corps vitré ; mais étant d'un tiffu un peu plus ferme, la nature l'a mis en avant pour prévenir l'ap-platiffement trop confidérable de celui-ci, qui néanmoins a toujours lieu dans la vieilleffe.

L'objet repréfenté fur la rétine par

roîtra d'autant plus grand, qu'il y fera peint fous un plus grand angle. De deux objets, l'un d'un pied de furface, l'autre de deux placés à la même diftance, l'un doit faire fur la rétine une impreffion double de l'autre, & par conféquent paroître une fois plus grand; mais fi on fuppofe l'objet de deux pieds à une diftance double de l'autre, il fera le même angle que celui d'un pied, & doit paroître de la même grandeur. De même deux fons, dont l'un aura une intenfité double de l'autre, s'il eft placé à une diftance où fon intenfité foit réduite à celle du foible, ne doit pas affecter davantage que celui-ci : c'eft ce qui doit fe paffer pour l'animal immobile, par exemple l'huitre, fi elle voit & fi elle entend.

Cependant le contraire arrive journellement pour l'homme, & vraifemblablement pour les autres animaux. Deux objets égaux, dont l'un eft à une diftance double de l'autre, paroîtront néanmoins à la vue à peu près de la même grandeur dans une pofition horizontale : il n'en fera pas de même fi la pofition eft verticale ; l'un paroîtra réellement beaucoup plus petit que l'autre ; d'où nous devons conclure que le sens de la vue & celui de l'ouie seroient trompeurs, s'ils n'étoient rectifiés par celui du toucher. C'est le tact qui nous apprend qu'un homme a toujours à peu près la même grandeur; en conséquence, nous la lui suppo-sons, à quelque distance qu'il soit: c'est donc un effet de l'habitude ; mais, n'é-tant pas accoutumés à rectifier ainsi nos jugemens dans la situation verti-cale, nous nous trompons même en y faisant toute l'attention possible.

Il est cependant un point où l'ani-mal doit voir sans doute l'objet aussi grand qu'il est ; les sens de la vue & de l'ouie doivent lui représenter des grandeurs réelles, ainsi que le font les autres sens, le tact, les saveurs, la faim, la soif, &c. Supposons donc que ce point soit, par exemple pour la vue, le plus proche où l'œil puisse voir distinctement ; ce sera donc de ce terme d'où il faudra partir, & dire, l'œil ne voit qu'à ce point les objets dans leur vraie grandeur. Si à cette distance il com-mence à voir une surface étendue, par exemple, une prairie, il verra de gran-deur naturelle l'objet le plus près de son œil ; ensuite tous les autres dimi-nueront, en raison de leurs distances, dans l'ordre qu'un peintre, fuivant les règles de la perfpective, peindroit cette prairie ; mais l'habitude viendra rectifier cette vifion, & fera appercevoir les objets de grandeur naturelle à une diftance affez éloignée ; puis ils paroîtront diminuer jufqu'à ce qu'on les perde de vue.

L'animal prendra des termes de comparaifon pour juger ainfi dans l'éloignement, auxquels il rapportera tout : ce fera plus volontiers fon corps, ou quelque partie de fon corps. Ces rapports feront d'autant plus fidèles, qu'il aura une plus grande habitude d'en juger : ainfi le marin jugera très-bien de la diftance d'un vaiffeau, que ne faura pas eftimer celui qui va fur mer pour la première fois ; & c'eft par défaut d'habitude que nous nous trompons pour des objets fitués verticalement. L'animal rapportera donc à leurs vraies places l'objet coloré, le corps fonore & celui qui a de l'odeur ; & comme les yeux, les oreilles, les narines ont chacun la même force & jugent de même, chaque œil, chaque oreille rapportera au même lieu l'objet de fa fenfation, qui ne pourra paroître double.

Le sens de la vue étant aussi nécessaire à l'animal, la nature l'a donné à tous; il n'y a que quelques-unes de ces espèces imparfaites, telles que l'huitre, l'holoturie, qui en paroissent privées; mais ce qui est singulier, c'est la multitude d'yeux à facette qu'ont les insectes : qu'un papillon ait trente-quatre mille yeux, cela n'entre pas dans le plan ordinaire de la nature.

Telles sont les différentes manières de sentir que la nature a accordées à l'animal : sans doute, si elle l'eût voulu, il pourroit en avoir beaucoup d'autres. Peut-être, dans ces espèces si éloignées de nous, dans l'huitre, le polype, les a-t-elle dédommagées des sens qu'elle paroît leur avoir refusés, par d'autres; mais n'ayant à cet égard d'autres connoissances que celles que nous tirons par analogie de ce qui se passe dans les grandes espèces, nous n'en pouvons rien savoir.

DU SENS INTERNE.

TOUTES ces sensations ne sont point senties dans les différens organes qui en reçoivent les premières impressions;

elles se transmettent jusqu'au cerveau, au sensorium, & le principe sentant est affecté : c'est ce qu'on appelle le sens interne. Il reçoit les impressions du sentiment de chaque partie ; mais il les conserve bien plus long-temps que ne le peuvent faire les sens externes : ceux-ci ne sont affectés qu'un instant, au lieu qu'il peut retenir très-long-temps l'impression d'un sentiment. Un son violent se fera ressentir quelquefois plus de vingt-quatre heures après qu'il aura été éprouvé.

Le sens interne n'est donc que le sensorium. Nous l'avons supposé composé de différentes vésicules où se dépose l'esprit animal, lesquelles ont chacune un sphincter, & se communiquent toutes. Les fibres qui composent ces vésicules aboutissent à un centre commun, ensorte qu'aucune ne peut être ébranlée que le centre ne le soit, ainsi que, dans la toile de l'araignée, les fils en sont attachés avec tant d'art, qu'ils correspondent tous à un seul point où va se placer l'animal, & il ne se passe aucun mouvement dans ses filets qu'il n'en soit aussitôt averti. Le principe sentant au centre du sensorium, ressent également tous les mou-

du cerveau : l'animal en a peu , mais elle eft prodigieufe chez l'homme po-licé. Il eft furprenant quelle foule d'images peut être tracée dans un cerveau bien organifé ; non-feulement les idées premières, les fenfations y font peintes, mais elles font toutes comparées, tous les rapports en font faifis & en font calculés.

La mémoire ne produira tous ces effets, que par le moyen des efprits animaux qui agiffent fur les fibres du fenforium & les véficules animales. Auffi le travail d'efprit produit la même déperdition du fuc nerveux & fatigue autant que celui du corps.

Ce fens interne varie beaucoup chez les différentes efpèces, en raifon du volume du cerveau : celles qui l'ont fort petit, ont ce fens peu étendu ; mais nul animal ne l'a auffi exercé, auffi perfectible que l'homme ; il peut lui repréfenter la plus grande variété de fenfations & d'idées.

DES IDÉES.

Les idées font les perceptions de l'ame , c'eft-à-dire , les fentimens qu'elle éprouve. Les métaphyficiens en ont diftingué un grand nombre de dif- férentes : pour le Phyficien , les idées font unes ; ce font les affections du fens interne , qui viennent toujours des fens externes. Il eft vrai qu'une feule fenfation peut, par la mémoire, réveiller une foule d'idées dans un cerveau bien organifé : la vue du triangle en rap- pelle à un Géomètre toutes les pro- priétés, &, par la comparaifon qu'il en fait avec les autres figures, peut lui retracer toute la géométrie.

Non-feulement l'ame éprouvera ces premières impreffions , mais elle fent qu'elle les fent : ce fera le jugement qui prendra le nom de réflexion, de méditation , &c. fuivant qu'il s'étend à un plus grand nombre d'objets. Une fuite de jugemens forme le raifonne- ment; un jugement fain, un raifonne- ment folide , dépendront donc du fens interne qui repréfente avec précifion les fentimens à comparer à l'ame : le

P

goût ne ſera que le jugement dans les choſes de pur ſentiment, dans le beau.

DU PLAISIR

ET

DE LA DOULEUR.

Tous ces ſentimens ſi variés ſe rapprocheront dans un point eſſentiel ; ils feront agréables ou déſagréables, cauferont du plaiſir ou de la douleur à l'être ſentant : c'eſt une ſuite de l'impreſſion qu'ils font ſur le ſens interne. Nous ne pouvons pas plus dire pourquoi telle ſenſation eſt agréable ou déſagréable à l'animal, que nous ne le pouvons pourquoi tel rayon de lumière eſt jaune, & non pas bleu. Ceci dépendra de la nature du mouvement qui les produira, & rendra l'une douloureuſe, & l'autre agréable.

Une autre cauſe du plaiſir, que nous avons aſſignée, vient de l'activité du fluide nerveux ; s'il coule en petite quantité, il n'affecte point ; mais lorſqu'il coule en certaine abondance, il produit un ſentiment très-agréable :

au contraire, l'impreſſion qu'il fait eſt douloureuſe s'il eſt trop abondant, & les nerfs ſont criſpés. C'eſt une attention de la nature d'avoir attaché le plaiſir à ce qui peut être utile à la conſervation de ſon ouvrage, & la douleur à tout ce qui lui eſt nuiſible. Toutes les fois qu'il y a un beſoin à remplir, la nature ordonne de le ſatisfaire, ſous peine de la douleur; & elle attache un plaiſir plus ou moins grand à l'acte qui le fait ceſſer: ainſi la faim, que produit le beſoin de prendre des alimens, eſt un motif preſſant qui y engage l'animal; mais le plaiſir de manger lui fait toujours prévenir ce beſoin.

Non-ſeulement l'animal a du plaiſir ou de la douleur, mais il ſent qu'il en éprouve: c'eſt l'amour ou la haine. Ces ſentimens ſeront d'autant plus conſidérables, que le plaiſir ou la douleur le ſeront eux-mêmes davantage; ils ſeront donc proportionnés à l'intenſité de la ſenſation, & à la ſenſibilité de la fibre.

Les différentes liqueurs des corps animés peuvent être trop copieuſes; pour lors elles diſtendent leurs réſervoirs; ceux-ci ſe contracteront avec force, & ſe débarraſſeront de ce qui les irritoit : c'eſt par cette raiſon que la veſſie trop pleiné évacue l'urine, que la véſicule vide le fiel. Les véſicules ſéminales trop remplies de ſemence ſont également irritées, & naît un beſoin preſſant de l'évacuer ; de même, les véſicules animales trop gorgées d'eſprit nerveux, en ſont diſtendues douloureuſement, & on ne peut faire ceſſer cette douleur qu'en l'évacuant ; fi on ne le fait pas, l'animal ſouffre, & éprouve un mal-être général : c'eſt l'ennui. Ce beſoin, comme tout autre, ſera d'autant plus grand, que l'eſprit animal ſera plus abondant ; que ſon activité ſera plus grande, & irritera par conſéquent les véſicules ; enfin, que les véſicules elles-mêmes ſeront plus ſenſibles : par conſéquent, il ſe trouvera très-grand chez le jeune animal qui a une grande quantité d'eſprit nerveux : auſſi eſt-il toujours en action ; il va, il vient, il ne ſauroit demeurer dans la même place ; s'il y eſt forcé, il ſouffre conſidérablement, & s'ennuie. Dans l'âge mûr, ce beſoin eſt moins grand, parce que l'eſprit animal eſt moins abondant. Enfin la vieilleſſe, chez qui cet eſprit eſt en très-petite quantité, & dont la fibre ſe meut dif-

ficilement, ne demande que le repos.
Le tempérament bilieux , qui a la
fibre très-fensible & l'efprit un peu
âcre, fera très-actif, tandis que le fleg-
matique fera très-indolent ; & cette
jeuneffe pétulante, fi elle tombe ma-
lade, perdra toute fon activité. Mais
il ne faut pas moins d'efprit nerveux
pour rappeler les idées, le plaifir ou la
douleur , & faire jouer toutes les fibres
du fens interne , que pour mouvoir le
corps; la déperdition en eft même
peut-être plus grande : les travaux de
l'efprit , ou les attachemens du cœur ,
fuppléeront donc à l'exercice du corps:
ainfi aimer , connoître ou agir, font
des opérations effentielles à l'animal ,
& d'autant plus preffantes, qu'il aura
une plus grande quantité d'efprit animal ; elles fe remplaceront mutuellement, puifqu'elles produifent le même
effet : ceci dépendra de l'habitude.
Celui qui fera adonné aux travaux de
l'efprit , las fupportera plus volontiers
que ceux du corps ; & également celui
qui exercera beaucoup du corps, aimera
mieux un pareil exercice que le travail
d'efprit.

Mais à l'âge de puberté, de nouveaux organes développent de nou-

P iij

veaux befoins, d'autant plus preffans
que la liqueur féminale eft plus active.
Il faudra donc que l'animal l'évacue,
à moins que, par des exercices violens,
cet efprit ne fe diffipe en même temp
que le nerveux.

Les befoins à fatisfaire, & les plai
firs qui en doivent réfulter, conftitue
ront les paffions, & feront couler l'ef
prit animal en abondance. Tous le
nerfs de la machine feront en action
mais plus particulièrement les nerf
fenfibles, ceux de la bafe du crâne. L
grand intercoftal & fes plexus feron
fingulièrement affectés : la face, & le
yeux fur-tout qui font très-nerveux
& tirent leurs nerfs des paires céré
brales, peignent tous ces fentimens
& repréfentent en quelque façon c
qui fe paffe dans le fens interne, dan
le fenforium. Tous ces mouvemen
précipités des efprits produiront de
fentimens très-vifs, agreables ou dé
fagréables ; mais ils acquerront bie
une autre vivacité, fi le fluide fémina
fi actif eft agité, & rentre dans la maff
en abondance. Ce font les fentimen
les plus impétueux, ceux que caufe l'a
mour, parce qu'ils font produits pa
le fluide le plus actif de toute l'éco

nomie animale ; & ce qui le confirme, c'est que l'amour criminel entre
personnes de même sexe, est aussi
violent que les tendres sentimens de
deux amans.

L'homme sauroit-il trop fuir les passions orageuses, & pour la tranquillité
de l'ame, & pour la santé du corps ?
Elles portent le trouble dans l'une &
dans l'autre. Ces tensions de nerfs si
communes aujourd'hui, & la foule de
maux qui en naissent, n'ont presque
d'autre origine que des passions immo-
dérées, sur-tout le penchant qui attire
les sexes l'un vers l'autre. Le fluide séminal est sans cesse en mouvement ; la
sécrétion en est augmentée, & il rentre
dans la masse en plus grande quantité
qu'il ne devroit : mêlé avec l'esprit nerveux, il irrite les nerfs, & cause tous
les ravages dont les effets sont si connus. Dans les gouvernemens où les ci-
toyens prennent un grand intérêt à
la chose publique, l'amour de la pa-
trie devient passion vive, exalte l'i-
magination, & tend également le systême nerveux. La dévotion produit le
même effet chez les ames pieuses ; l'am-
bition, chez ceux qui n'ont jamais tout
ce qu'ils souhaiteroient, &c. Ces causes

puiſſantes tiennent toujours les nerfs en érétiſme chez la plus grande partie des hommes, ſur-tout dans les grandes villes ; tandis que la vie molle & efféminée qu'on y mène, le défaut d'exercice, l'air épais qu'on y reſpire, privé de l'influence des rayons ſolaires, (& on a toujours ſoin de les éviter & de ne jamais s'y expoſer,) &c. devroient ôter à la fibre le ton qu'elle a, & la rendre molle & lâche.

DES VÉGÉTAUX.

JETONS un coup d'œil ſur l'organiſation des végétaux ; ce ſera un ſûr moyen d'acquérir des connoiſſances plus étendues de l'économie animale : car la nature n'a fait que modeler un même plan ; elle l'a varié preſque à l'infini, mais on le reconnoît toujours. Nous retrouverons dans les végétaux ce que nous avons vu dans les animaux, excepté que tout y eſt plus ſimple ; & nous en pourrons tirer de nouvelles lumières par les analogies.

La première choſe que l'on apperçoit dans les arbres & dans les plantes, eſt un épiderme qui les enveloppe, &

dont la direction des fibres est dans
le sens du contour de l'arbre, comme
on le voit dans l'écorce du cerisier.
Cet épiderme est percé de petits trous,
que l'on croit faits pour la transpiration ; semblables aux pores des animaux, ils ont le même usage. Au dessous
de l'épiderme se trouvent des glandes
miliaires, qu'on apperçoit très-facilement dans le bouleau, le noisetier, &c.

On rencontre ensuite une substance
succulente, semblable à un feutre, souvent verte. Elle répond à la vraie peau
des animaux, & est composée comme
elle d'un lacis de vaisseaux & de fibres
entortillés dans mille sens différens : on
l'a très-bien comparée à un feutre, dont
effectivement elle approche beaucoup.

Cette peau levée, on rencontre des
couches corticales formées par des
fibres longitudinales très-fortes, unies
entr'elles assez légèrement : c'est le périoste du bois, si je puis me servir de
ce terme. Elles peuvent se diviser prodigieusement, ainsi que la fibre musculaire, sans qu'on puisse parvenir à la
dernière fibre ; mais elles ne se joignent
pas si parfaitement, qu'elles ne laissent
dans leur interstice des mailles & des
réseaux. Ces mailles sont remplies d'une

ſubſtance particulière, que Grew appelle parenchyme, Malpighi tiſſu véſiculaire ou utriculaire, & M. Duhamel tiſſu cellulaire : je l'appellerois plutôt tiſſu glanduleux. Malpighi prétendoit y avoir découvert une ſuite d'utricules poſées les unes à la ſuite des autres. Tous les Naturaliſtes conviennent qu'elle eſt compoſée d'un grand nombre de vaiſſeaux. C'eſt dans cette ſubſtance qu'on découvre ceux qui contiennent le ſuc propre de la plante. Ces vaiſſeaux propres s'enfoncent d'un côté dans l'intérieur du bois, & de l'autre pénètrent dans la ſubſtance feutrée juſques à l'épiderme ; les vaiſſeaux lymphatiques doivent auſſi partir de ce tiſſu véſiculaire.

Enfin ſe préſente l'aubier, qui ne diffère du bois proprement dit que par ſa dureté : il n'a pas encore acquis toute ſa conſiſtance. Ce ſont les mêmes couches corticales que nous avons appelées périoſte, qui d'abord converties en liber, deviennent bois par le dépôt de nouvelles parties ligneuſes. Auſſi rencontre-t-on les mêmes choſes dans les uns que dans les autres. Les fibres longues ſont des vaiſſeaux lymphatiques ſéveux. Comme le bois a plus de ſo

lidité, ils y font plus étranglés, plus ref-
ferrés que dans l'écorce. Les vaiffeaux
propres s'y obfervent auffi, comme on
le voit facilément dans les conifères,
mais ils font en moindre quantité que
dans l'écorce. Enfin on y rencontre le
même tiffu véficulaire; il traverfe à
angle droit les fibres longitudinales,
& va aboutir à la moëlle, qui n'eft
que ce même tiffu en grande maffe,
& qui, du centre de la plante, communique jufques à l'épiderme, mais
en diminuant en quantité, à mefure
qu'il approche de l'écorce.

Ce qu'il y a de particulier dans le
bois, ce font les trachées qu'on ne
trouve ni dans l'écorce ni dans le liber;
elles ne s'apperçoivent que dans les
feuilles, les fleurs & le bois. Formées
comme un reffort à boudin, elles reffemblent beaucoup à celles des infectes.
Malpighi dit y avoir obfervé un mouvement vermiculaire qui ravit l'obfer-
vateur : elles font deftinées à contenir
de l'air.

Quoiqu'on n'apperçoive point les
trachées dans l'aubier ni l'écorce, on
ne fauroit douter qu'elles n'y pénètrent. Une branche plongée dans l'eau
eft bientôt couverte de bulles d'air qui

ſortent ſans ceſſe par les pores de l'é-
piderme ; mais elles y ſont moins nom-
breuſes que dans les feuilles & les tendres rameaux qui les ſoutiennent.

Voilà donc pluſieurs ordres de vaiſſeaux bien établis chez les végétaux ;
les ſéveux, les lymphatiques, les propres, & les aériens ou trachées. Ces
derniers ont été aſſez bien obſervés,
& ne diffèrent nullement de ceux des
inſectes ; ce ſont des reſſorts à boudin,
dans leſquels l'air circule, & qui l'abſorbent pour être enſuite chaſſé par
les pores de la peau. Les autres ne ſont
pas ſi bien connus ; Malpighi veut qu'ils
ne ſoient qu'une ſuite de véſicules ſe
communiquant ſeulement par une ouverture aſſez petite, fermée par une valvulve. Tous les obſervateurs n'ont pas
vu les choſes préciſément comme lui ;
mais ils s'en approchent plus ou moins,
& cette ſtructure entre bien dans le
plan de la nature. Nous avons obſervé
qu'il y a aſſez peu de valvulves dans
les artères des grands animaux ; leurs
veines en ont beaucoup davantage,
ſur-tout les petites : enfin les vaiſſeaux
lymphatiques ſont comparés à une ſuite
de petites véſicules, tellement ſont rapprochées les valvulves. Nous les ſoup-

çonnons encore plus multipliées dans les nerfs ; de même l'analogie nous dit que chez les végétaux elles le font encore davantage, fuivant la nature des fucs & la groffeur de la plante.

Ces vaiffeaux paroiffent compofer tout le végétal. Les féveux en font la majeure partie ; les lymphatiques doivent être en grande quantité ; les propres font plus ou moins abondans, fuivant les différentes efpèces ; enfin les aériens font auffi très-nombreux. Tous ces vaiffeaux fe communiquent par différentes anaftomofes, ainfi que le font chez l'animal les fanguins, les lymphatiques & les nerveux. Je foupçonnerois que le tiffu véficulaire eft le lien d'union ; il fait l'office de glandes, de vifcères, d'organes fécrétoires. Le vaiffeau féveux y aboutit d'un côté ; les trachées d'un autre y apportent l'air, pour entretenir le mouvement, en verfant une partie dans ces liqueurs ; & dans le lacis de vaiffeaux du tiffu cellulaire, comme dans un corps glanduleux, s'opère la fécrétion du fuc propre & celle de la lymphe. Ces fucs enfilent auffitôt les vaiffeaux que la nature leur a deftinés ; la fève reftante en prend d'autres, & rentre dans le torrent de la

circulation; ainſi que la veine-porte, faiſ
ſant fonction d'artère, reprend le ſang
des artères méſaraïques, & le porte au
foie pour fournir la bile.

Cette idée établiroit différens ordres
de vaiſſeaux, les uns artériels, & les
autres veineux, ou plutôt qui ſeroient
tour-à-tour artériels & veineux comme
chez beaucoup d'animaux. Quoiqu'on
ne puiſſe les démontrer aux yeux, il
paroîtroit cependant difficile de ne pas
les admettre; mais auparavant, voyons
quelles ſont les différentes liqueurs des
végétaux.

La première qu'on rencontre, &
ſans doute la plus abondante, eſt la
fève. Elle eſt, comme le ſang des animaux, moins une liqueur homogène,
que le magaſin où la nature prend tout
ce qui lui eſt néceſſaire pour ſes opérations; elle contient toutes les liqueurs
végétales, qui iront enſuite ſe perfectionner dans les organes ſécrétoires: la
plante la tire du ſein de la terre par
ſes racines, vraiſemblablement ſous
forme de vapeurs avec beaucoup d'air.
D'abord ce n'eſt qu'une eau extrêmement peu chargée. Les pleurs de la vigne
ſont preſque toutes aqueuſes; peu à peu
elle s'élabore: c'eſt ſur-tout lorſque les

feuilles vont être développées qu'elle
prendra de la qualité. Les feuilles font
comme le poumon de la plante ; elles
afpirent beaucoup d'air, fur-tout de
l'air fixe, de l'air phlogiftiqué, & un
grand nombre d'autres fubftances qui
font contenues dans le fein de l'atmofphère. M. Bonnet a démontré que les
feuilles, par leurs furfaces inférieures, af-
piroient une quantité confidérable d'air.
Le mélange de tous ces principes, des
circulations répétées, l'action des forces vitales, donneront à la fève le dernier degré de perfection.

Il y aura donc deux ordres de vaiffeaux pour la circulation de la fève,
les uns artériels, & les autres veineux.
Effectivement, coupez la racine d'un
arbre, groffe ou petite, fur-tout au printemps ; elle pleurera en abondance :
elle ne retire cependant plus de fève
du fein de la terre : donc ce font les
vaiffeaux veineux qui lui en apportent. Ceci n'exige cependant pas un
bien grand appareil dans la ftructure
de la plante : vraifemblablement les artères ne diffèrent des veines que dans
la pofition des valvulves. Les vaiffeaux
qui apportent la fève aboutiffent tous
au tiffu cellulaire ; la fécrétion de la

lymphe & du suc propre s'y opère; la portion de sève restante enfile un autre vaisseau lymphatique, dont les valvules empêchent qu'elle ne puisse rétrograder. Ce nouveau vaisseau va également se décharger à quelque distance dans du tissu cellulaire, ensorte qu'en premier lieu il a fait fonction de veines, & en second il fait fonction d'artères; & ainsi la circulation de la sève est générale & par parties. Une petite branche participe à la circulation du tout : retranchée pour faire une bouture, elle prend un système de circulation tout à elle. La greffe prouve la même chose; tout ce qui est au dessous participe du sauvageon, ce qui est au dessus tient de la greffe. Si la circulation se faisoit comme chez les animaux, la sève qui descendroit du sujet greffé seroit changée, & ne pourroit plus donner de sauvageon. Une branche de feuilles ou de fleurs qu'on a coupée, ne peut se conserver fraîche qu'en scellant l'extrémité, pour empêcher l'épanchement de la sève. Les branches d'un saule nouvellement arraché, mises en terre, prennent racines, & les racines deviennent des branches; ce qui ne pourroit avoir

lieu dans une autre hypothèfe. M. de
Réaumur a fait voir également des
vers chez qui la circulation fe faifoit
tantôt dans un fens, tantôt dans un
autre.

La feconde liqueur des végétaux,
eft le corps muqueux ou lymphatique.
Il eft de trois efpèces; l'un eft gélatineux
& foluble à l'eau, telles font toutes les
gelées végétales, la partie amilacée des
farineux; l'autre eft glutineux, infoluble
à l'eau, telle eft la partie végéto-animale du froment. C'eft cette partie
qui forme le tiffu de la plante, ce qui
lui donne de la fermeté, & le rend
infoluble à l'eau. La troifième eft faline, comme le fucre, la manne, &c.
La lymphe demeure-t-elle toujours confondue avec la fève? ou a-t-elle des
vaiffeaux particuliers? Quoiqu'on ne
les ait point diftingués, cependant il
paroîtroit qu'elle doit en avoir.

La troifième liqueur des végétaux,
eft leur fuc propre. Il eft très-abondant
chez certaines plantes, les euphorbes,
les tithymales, &c. : la moindre bleffure
qu'ils reçoivent donne de groffes gouttes de ce fuc qui eft laiteux. Il a donc
fes vaiffeaux propres, & il circule
comme la fève. Il varie beaucoup dans

les différentes efpèces de plantes. Chez
les uns, comme les arbres à noyau,
pêcher, prunier, cerifier, il eft gommeux. Chez d'autres, comme les pins,
les fapins, les baumiers, il eft réfineux. De troifièmes, tels que l'éclaire,
l'ont jaunâtre, &c. Je foupçonnerois
que le fuc propre ne diffère pas de la
lymphe.

L'efprit recteur & l'huile effentielle,
font la quatrième liqueur qu'on rencontre chez les végétaux : tous en ont.
Chez les uns ils font beaucoup plus
fenfibles & plus abondans que chez
d'autres ; mais les plus inodores en apparence, en ont une grande quantité.
De ce que la Chimie ne peut pas toujours les recueillir, il ne faut pas en
conclure qu'ils n'exiftent pas. Les narcotiques, qui ont une odeur fi vi-
reufe, ne donnent à la diftillation qu'un
flegme infipide. Cet efprit recteur
paroît une huile très-fubtile unie à un
acide ; elle fe filtre principalement dans
les feuilles & les fleurs : la nature la
dépofe dans des véficules ; c'eft-là
où elle la reprend pour la mêler avec
la fève. Cette huile lui donne de
l'énergie, ainfi que l'efprit vital en
donne aux liqueurs animales.

Enfin la dernière liqueur du végétal,
est la séminale. On la trouve chez le
mâle aux anthères, contenue dans de
petites boîtes à favonnettes. Elle paroît huileufe par fon immifcibilité avec
l'eau. On n'a pas encore obfervé celle
de la femelle ; mais les analogies ti-
rées des femelles des animaux, ne permettent pas de douter de fon exiftence. La nature eft fi uniforme, qu'on
vient de découvrir dans certaines plantes des parties femblables aux parties
génitales des animaux, des tefticules.
La liqueur féminale eft repompée pour
vivifier la lymphe nourricière, ainfi
que l'efprit recteur ; auffi voyons-nous
les plantes doubles, dont la femence
eft inféconde, beaucoup plus délicates
que les autres : elles font grêles, me-
nües, & périffent par des intempéries
que les autres foutiennent facilement.

Je ne parle pas de la propolis, de la
cire, du miel, de la partie corolante,
& de beaucoup d'autres liqueurs peu
abondantes, filtrées par des organes particuliers. Un tiffu cellulaire, placé à
deffein par la nature, fait la fécrétion
de ces fucs, ainfi que le grand tiffu
cellulaire opère celle du fuc nourri-
cier ; d'autres filtrent l'efprit féminal,

le recteur & l'huile essentielle. Le tissu
cellulaire est chez le végétal, ce qui
sont chez l'animal les glandes & les
viscères.

Toutes ces liqueurs ne sont que la
sève élaborée. La plante, qui avoit été
engourdie par le froid de l'hiver, commence à tirer cette sève du sein de la
terre, lorsque le soleil au printemps vient
par sa chaleur ranimer la nature. Ce
suc monte & arrive jusqu'aux branches les plus élevées de l'arbre, quelque
grand qu'il soit. Il pénètre tous ses
vaisseaux, & il s'en trouve imbibé:
son tissu cède à ses efforts, qui sont
considérables. Les branches les plus
tendres, sur-tout les boutons, prêtent
davantage. Bientôt ce bouton s'épanouit, les petites feuilles qui le composent se développent : la lymphe dépose pour lors dans les mailles vides
des parties glutineuses qui s'unissent intimément à la fibre, & des parties gélatineuses qu'on en peut extraire. La
nutrition & l'accroissement de la plante
s'opéreront donc comme celle des
animaux : la force qui fait cristalliser toute la matière, les forme & les
nourrit. Une partie de la lymphe glutineuse & gélatineuse sera employée par

a nature au développement de la
plante, à fa nutrition, & à fes différentes fonctions.

La portion fuperflue de cette lymphe
& de toutes les autres liqueurs, eft
chaffée par la tranfpiration : c'eft la
feule voie dont la nature fe fert chez
le végétal, pour fe débarraffer de ce qui
l'incommode. Chez l'animal, elle a les
urines, les felles, les crachats, la muco-
fité qui fort du nez, les larmes, le ce-
rumen des oreilles, & enfin la tranfpiration. Elle n'a accordé que cette
dernière voie au végétal ; auffi eft-
elle fort abondante chez lui. On a
calculé qu'un grand *corona folis* perd
dans les chaleurs de l'été jufqu'à trente
onces d'eau par la tranfpiration ; ce qui
eft prodigieux.

De cette abondante tranfpiration,
on a déduit quelle devoit être à peu
près la viteffe de la fève dans fes vaiffeaux. La furface du tronc, des branches & des feuilles par où fe fait cette
tranfpiration, eft ordinairement fort
étendue ; celle des racines l'eft également, & la tige eft fort mince. Il
faut donc que la fève fe meuve très-
vîte dans cette tige.

La tranfpiration emporte également

l'air furabondant. C'eft ici où nous n
faurions trop admirer la marche de l
nature : les animaux abforbent beaucoup d'air, fans lequel ils ne fauroien
vivre. Il faut qu'il foit pur, & contienne très-peu de phlogiftique, mai
comme ils ont du phlogiftique furabondant, cet air s'en charge au poin
qu'il ne peut plus leur fervir, & il devient bientôt mortel pour eux. Le
plantes l'abforbent dans cet état, s'ap-
proprient ce phlogiftique, qui leur ef
de la plus grande utilité (1) pour
former les fels & les huiles, & le
rendent déphlogiftiqué & propre à entretenir la vie des animaux.

La circulation de la fève eft plus
rapide dans l'écorce que dans l'aubier,
& dans l'aubier que dans le bois. Le
tiffu plus ferré de ceux-ci, étrangle
les vaiffeaux ; le mouvement s'y ralentit, & il y ceffera plus tôt. Lorfque
par la vétufté les fibres ligneufes auront acquis trop de folidité, les liqueurs pour lors croupiront & s'alté-

---

(a) M. Ingen-Houfz vient de donner une
fuite d'expériences les plus intéreffantes fur cette
matière : il prouve que ce n'eft que par le
concours des rayons du foleil que les végétaux
déphlogiftiquent l'air.

reront ; auffi les bois vieux commencent à fe pourrir par le centre.

La caufe de l'afcenfion de la fève
a toujours été affez cachée ; elle s'introduit dans les pores afpirans des racines, vraifemblablement par l'action
des tuyaux capillaires. Il y a apparence que c'eft fous forme de vapeurs
fubtiles, avec de l'air gazeux. Les feuilles,
& les tendres branches, afpirent auffi
beaucoup par leurs pores. Ces fucs
ainfi introduits, enfileront les vaiffeaux
féveux ; ce fera l'action de l'air contenu dans les trachées, qui va les mouvoir par fon mouvement continuel de
dilatation & de condenfation. Lorfque
cet air fe dilate, il comprime les vaiffeaux pleins de fève, & la force ainfi
à avancer. L'air fe condenfe-t-il ? les
vaiffeaux féveux reviennent à leur premier état par leur élafticité : la fève
ne peut rétrograder, à caufe des valvulves ; il fe fait un vide, & la fève
le remplit auffitôt par l'action des
tuyaux capillaires : le même mécanifme a lieu depuis le pore abforbant
de l'écorce de la racine, jufqu'à celui
de la feuille. L'air fait ici à peu près
les mêmes fonctions que chez les animaux ; fur-tout chez l'infecte. Les pores

abforbans ont, par cette même action
de l'air, un mouvement d'ofcillation
& de dilatation, à peu près femblable
à celui que donne aux veines lactées
le mouvement périftaltique des inteftins.

Ce fera l'action du chaud & du froid
qui donnera aux trachées ce mouvement admirable qu'a remarqué en elle
Malpighi. On fait par les thermomè-
tres d'air, combien cet élément y ef
fenfible, puifqu'ils ne font jamais fta-
tionnaires. Cet air intérieur de la plante
ne ceffera donc d'être alternativemen
condenfé & dilaté, d'où naît une ef
pèce de mouvement continuel de fiftole & de diaftole. La variation du
poids de l'atmofphère, prouvée par le
baromètre, coopérera avec l'action de
la chaleur ; les fibres végétales elles-
mêmes reffentiront des effets plus ou
moins marqués de ces deux caufes,
ainfi que l'air contenu dans leur
trachées.

La fève montera donc avec d'autant plus de force, que cette variation
dans la condenfation & raréfaction de
l'air fera plus confidérable : c'eft ce qui
arrive au printemps & en automne,
temps où l'on paffe très-vîte du froid
au

au chaud. En été, l'air eft plus conftamment chaud, la fève monte avec
moins d'abondance. En hiver, il eft
trop condenfé, & la fève n'a prefque
point de mouvement, excepté dans
les racines. Il eft cependant certaines
plantes qui s'éloignent des lois ordinaires; le perce-neige, la petite ché-
lidoine, &c. ne végètent que dans
les temps froids; leurs trachées font
fans doute affez étendues pour contenir beaucoup d'air. La moindre chaleur y occafionne une dilatation fuf-
fifante pour faire monter la fève; mais
dans les temps chauds, cette dilatation va trop loin, la plante eft dé-
chirée & périt.

La force avec laquelle la fève monte
eft fi confidérable, qu'elle peut fou-
lever une colonne d'eau de plus de
quarante pieds de hauteur. On en a
fait l'expérience en introduifant une
branche en pleine végétation, dont on
a coupé l'extrémité, dans un tube où
il y a du mercure. Elle verfe affez de
fève pour forcer le mercure à s'élever
à trente-fix ou trente-fept pouces: il ne
falloit pas une moindre force pour
forcer les fibres ligneufes à s'étendre.
On ne peut admettre chez les vé-

Q

gétaux d'autre mouvement que celui
des trachées : il n'y a rien qui approche
de la fenfibilité, de la contractilité &
de l'irritabilité des animaux. La tremella a, il eft vrai, un mouvement
continuel d'ofcillation ; la fenfitive
tombe par l'attouchement : beaucoup
d'autres font fenfibles aux impreffions
du froid & du chaud, du fec & de
l'humide, comme l'a fait voir le cé-
lèbre Linné ; mais ce font des caufes
& des effets tout différens.

Y a-t-il une chaleur propre dans les
végétaux comme dans les animaux?
Celle des animaux eft produite par la
circulation de leurs liquides, l'action
& réaction des folides. Les mêmes
caufes en doivent produire chez les
végétaux ; les liquides y circulent fans
ceffe ; l'action & réaction continuelle
de l'air, le mouvement des trachées
augmentent encore ces frottemens.
D'ailleurs, il y a une fermentation qui
n'eft jamais fans chaleur ; mais toutes
ces caufes n'ayant pas la même énergie
que chez les animaux, ne produiront
pas d'auffi grands effets. L'obfervation
vient à l'appui du raifonnement : les
végétaux font plus chauds que les autres corps de la nature d'égale denfité

la neige y tient moins long-temps qu'ailleurs.

La chaleur extérieure █████ néceſſaire aux animaux ; elle ai███ la chaleur naturelle. Ses liqueurs ſe figent au froid, étant hors du corps ; & ſi le froid eſt conſidérable, elles ſe figent même dans les vaiſſeaux, comme on le voit lorſque le froid eſt aſſez vif pour leur geler quelques membres. Il faut donc que la chaleur animale ſoit aſſez forte pour les entretenir dans le degré de chaleur convenable, & par conſéquent dans leur fluidité : ſi le froid extérieur l'emporte ſur cette chaleur interne, les liqueurs ſeront congelées ; plus de circulation, plus de vie. Les parties peuvent même être déſorganiſées, lorſque les vaiſſeaux trop roides ne peuvent prêter à la dilatation qu'éprouvent les liqueurs par la congélation ; mais ſi les vaiſſeaux ſont ſouples, que les liqueurs ſoient fort huileuſes, elles ſe ſe dilateront moins, & les vaiſſeaux ne ſeront point briſés : cependant, lorſque toute circulation eſt ceſſée chez l'animal, que le cœur ne bat plus, on le rappellera difficilement à la vie ; car la marmotte, le loir, le lerot, ne ſont qu'engourdis ; il y a toujours de la cir-

Q ij

culation : dès qu'elle ceſſe, ils périſſent.

La cha[...] encore plus néceſſaire
au végétal, qu[...], à l'intérieur, en a une
très-petite. En hiver, la circulation eſt
ſuſpendue chez lui ; la ſève eſt toute
congelée, & la plante eſt comme
morte. Il n'y a que les racines enfon-
cées dans la terre en qui la chaleur
centrale entretient un reſte de mouvement ; mais, dès que les beaux jours
du printemps paroiſſent, la végétation
ſe ranime. C'eſt ce que démontre bien
clairement cette belle expérience d'un
cep de vigne dont on expoſe une partie
à un air échauffé par un poële, tandis
que l'autre demeure à l'air froid : il n'y
a nul mouvement dans celle-ci, &
l'autre eſt en pleine végétation. Mais
la nature qui ſe plaît à rapprocher ſes
productions les plus éloignées, fait vé-
géter des plantes au milieu des neiges,
& engourdit dans le même temps des
animaux, au point qu'il n'y a preſque
pas plus de circulation chez eux que
chez les végétaux.

Ce degré de chaleur néceſſaire à la
vie des animaux & des végétaux, eſt
très-relatif. Le lion périroit de froid
où le renne étoufferoit de chaleur.

Les poissons habitant les mers du nord,
ne pourroient vivre dans l'océan in-
dien : il est de petits insectes qu'on ne
trouve que dans la neige ; il faut ap-
paremment que leurs fibres plus groffières foient moins contractiles par le
froid. Leurs vaisseaux capillaires font
moins déliés que chez l'habitant du
midi, & leurs liqueurs font plus huileuses comme chez la baleine. La même
chofe a lieu pour les plantes ; les unes
ne végètent que dans les climats froids,
d'autres demandent les plus grandes
chaleurs : ce fera fans doute par la
même raifon que chez les animaux.
Les vaisseaux capillaires font plus gros,
& les liqueurs plus huileufes chez les
uns que chez les autres.

Effectivement la fibre des végétaux
fous la ligne est plus tendue, plus ferrée
que celle de ceux des pays du nord.
Tous les bois du midi font durs, tels
que le gaïac, le bois de bréfil, le
palmier, &c. leurs fucs font très-exal-
tés ; les baumes, les réfines font très-
pénétrantes, & la plupart forment des
poifons d'une fubtilité étonnante. Dans
les pays froids, les bois font poreux, la
fibre en est lâche, & les fucs font moins
élaborés ; ce font des peupliers, des

ties de la génération où il y a une plus grande quantité de différentes liqueurs ; on y rencontre une liqueur mielleufe, la propolis, la cire, enfin l'efprit féminal.

Qu'eft-ce qui compofe ces différentes fubftances, huile, réfine, baume, extraits, efprit recteur ; huile effentielle, efprit féminal, fubftance colorante, fels ; corps muqueux, glutineux, gélatineux & falin, gomme, &c. ? On n'en trouve aucune dans la fève, ni dans ce qui peut la fournir : on a nourri des arbres avec de l'eau pure, qu'on avoit même foin de diftiller ; on en a planté dans de la terre calcinée à un grand feu, dont l'activité avoit dû diffiper toutes les parties huileufes & acides ; tout au plus y feroit-il refté quelques fels fixes qu'on a enfuite emportés en leffivant cette terre : ces plantes ont néanmoins donné les mêmes principes que celles de leur efpèce. Il eft vrai que, par les feuilles, elles peuvent abforber quelques parties falines. On fait qu'il y a dans l'atmofphère prefque toujours de l'acide vitriolique, quelquefois de l'alkali volatil, rarement des principes huileux ; mais tous ces principes font en fi petite quantité, qu'ils ne sauroient fournir tous ceux des végétaux : examinons quelle est leur nature.

Ils sont composés d'eau, de terre, de phlogistique, d'huile, d'acide, de fer, & de différens airs. L'eau, la terre, l'air, le feu, sont des élémens dont il ne faut rechercher l'origine que dans la première combinaison des êtres ; ils forment par leur union les autres principes : ce sont ces mélanges qu'il faut tâcher de découvrir.

Les acides minéraux sont extrêmement communs dans la nature ; le vitriolique se rencontre par-tout, dans les mines, dans les argiles, dans l'atmosphère ; le nitreux se trouve dans les plâtras, dans les nitriaires artificielles, dans beaucoup de plantes où il est tout formé : le marin n'est pas moins abondant sur les bords de la mer. Est-ce le même acide qui se modifie différemment ? Est-il de première origine ? Il peut y en avoir, mais il paroît qu'il s'en forme continuellement. L'air fixe, qui se produit journellement sous nos yeux, est un acide léger ; effectivement les acides sont une combinaison de phlogistique, d'air & d'un peu de terre, qui a l'eau pour base. Ces prin-

Q v

cipes s'uniffent très-facilement, comme nous le voyons dans la formation des différentes efpèces de gaz : l'acide phofphorique paroît contenir plus de terre que les autres, par la facilité qu'il a à fe vitrifier. On trouve auffi dans le fein de la terre les alkalis tout formés, le commun dans le falpêtre de houffage, le marin dans le fel gemme, le volatil dans les fels ammonicaux.

Mais il ne paroît pas que la nature emploie dans la production des êtres organifés ces fels ; la bourrache contient du nitre, par conféquent de l'acide nitreux & de l'alkali du tartre ; d'autres contiennent du tartre vitriolé : les plantes qui croiffent fur le bord de la mer donnent de l'alkali marin, tels que le kali. Les liqueurs animales contiennent également une grande quantité de fels, du natrum, du fel fébrifuge, du fel marin, du fel ammoniac, le fel fufible ; & cependant la nourriture des plantes & des animaux ne contient aucun de ces fels : mais tous les principes néceffaires pour les former s'y trouvent, l'eau, la terre, l'air & le phlogiftique, que la végétation tire des gaz, & peut-être de la lumière.

La nature ne paroît donc pas fe bor-
ner à former les fels en grand dans
les immenfes laboratoires du fein de la
terre & de l'atmofphère ; elle les travaille auffi en petit chez les animaux
& les végétaux : elle produit les acides & les alkalis qu'on rencontre dans
leurs liqueurs.

L'huile eft encore un produit de la
végétation : on ne la trouve nulle part
que dans les végétaux, & enfuite chez
les animaux. M. Eller a reconnu, il eft
vrai, dans de l'argile, un principe
qui en approche. En la traitant avec
de l'alkali fixe, ce fel eft devenu
comme favonneux ; c'eft une preuve
d'un principe gras, mais encore bien
éloigné de l'huileux : le foufre, qui eft
compofé de phlogiftique & d'acide
vitriolique, approche beaucoup de
l'huile. La plus grande différence qu'il
paroît y avoir, eft que dans celle-ci
les principes font plus atténués, comme
ordinairement ils le font davantage
dans les règnes végétal & animal, que
dans le minéral ; il brûle comme elle :
fondu, il en a prefque l'onctueux. Si
on pouvoit lui ajouter affez d'eau pour
le tenir toujours liquide, ce feroit une
efpèce d'huile ; ce qui nous donne une

Q vj

idée de la compofition de celle-ci : elle doit être formée d'acide, d'eau, d'air, & fur-tout de phlogiftique. La nature a préparé tous ces principes : l'eau, l'air, l'acide font en abondance chez les végétaux : quant au phlogiftique, c'eft l'air inflammable, le gaz phlogiftiqué qui le fournit, peut-être la lumière elle-même. Nous avons vu quelle quantité de ces gaz la végétation abforbe, & elle les rend tous déphlogiftiqués : ce phlogiftique des gaz lui fert auffi à la formation des fels : tels font les premiers principes des liqueurs végétales.

Le fer eft auffi très-abondant chez les végétaux ; fans doute il leur eft de la même utilité qu'aux animaux, & il donne du reffort à leurs fibres. Nous avons vu qu'il eft le principe de la couleur de ceux-là ; il le fera également de ceux-ci : plus la chaleur l'exaltera, plus ces couleurs feront vives & brillantes : c'eft pourquoi elles ont tant d'éclat & font fi variées dans les animaux & les plantes des pays chauds, tandis que dans ceux du nord elles font ternes & plus uniformes.

Comment la nature unit-elle tous ces principes pour donner des produits aussi variés que le sont les liqueurs des corps organisés ? C'est sans doute par la fermentation, ce mouvement intestin des parties élémentaires qui les mélange, pour leur faire contracter de nouvelles adhésions. Nous ne saurions dire la manière dont s'opèrent ces compositions & décompositions ; elle dépend de la force & de la configuration des premiers principes, qui nous sont inconnues ; mais en ignorant la cause, nous savons que la fermentation est le grand moyen que la nature emploie dans toutes ses combinaisons. C'est dans la fermentation des corps muqueux, tel que le suc du raisin, que ses effets nous sont les plus apparens : ces sucs très-doux, acquièrent une vivacité prodigieuse. Ce sont des produits tout nouveaux, des esprits ardens, des acides & de l'alkali fixe. La fermentation est-elle poussée plus loin ? l'esprit ardent est détruit, & tout se tourne en acide pour former le vinaigre. Enfin passe-t-elle à la putréfaction ? nous aurons les alkalis volatils.

La même cause fait rancir les huiles en les dépouillant de leur air fixe ; elle donne & ôte de la qualité aux vins, à mesure qu'ils vieillissent, ainsi

qu'à toutes les autres liqueurs fermentées. Elle exerce même son action su
les minéraux : les mineurs distinguen
des mines trop mûres, & d'autres qu
ne le font pas affez. Dans les premières
le minerai eft comme décompofé ; &
dans celles-ci, il n'a pas encore acquis fa perfection : fes principes n
font pas affez unis. Cette même fermentation donne tous les produits végétaux & animaux ; elle forme les fels
les différentes efpèces d'huiles, telle
que les douces, les effentielles, le
baumes, les réfines, & la lymph
de ceux-là ; le chyle, le fang, la lymphe, les efprits animal & féminal, &
toutes les différentes liqueurs excrémen
titielles & récrémentielles de ceux-ci.
N'eft-elle pas portée affez loin ? ce
liqueurs ne font pas élaborées : c'ef
ce que la Médecine appelle crudités.
A-t-elle paffé les bornes néceffaires
ces liqueurs dégènerent & arrivent à
la putréfaction. C'eft encore la fermentation qui fait contracter à ces liqueurs
tant d'efpèces d'acrimonies ; aux végétaux, les chancres, les ulcères ; aux
animaux, le cancer, le fcorbut, la
lèpre, &c. : enfin elle forme le pus
dans la coction des maladies.

C'eſt cette fermentation qui conſtitue ce qu'on appelle le travail de la
nature chez le végétal & l'animal. Les
forces vitales font circuler les liqueurs
avec plus ou moins de viteſſe ; elles
contractent de la chaleur qui favoriſe
encore la fermentation. Ce travail
de la nature chez les végétaux forme
de l'acide , tandis que chez l'animal il
invertit cet acide , qui diſparoît en
partie pour former le principe ſalin
animal. Chez quelques végétaux, comme
les crucifères, le principe ſalin eſt auſſi
fort abondant. On le retrouve également dans la partie végéto-animale du
froment , dans les gommes , dans la
ſuie. Enfin , tous les végétaux paſſés à
la putréfaction, donnent de l'alkali volatil.

Tout acide par élaboration , par fermentation avec la lymphe végétale ou
animale , ou traité par le feu , tend
donc à devenir alkali volatil. Cependant , dans tous les exemples que nous
venons de rapporter , dans les crucifères , dans les gommes , dans la
ſuie , dans les animaux en ſanté ,
on ne trouve jamais cet alkali développé. Beaucoup de Chimiſtes croient
cependant ce principe , l'alkali volatil ,

tout formé ; mais qu'il eſt neutraliſé,
ſoit par un acide duquel un alkal
fixe peut le dégager & le faire pa
roître ſubitement, ſoit par une huile
qui l'enchaîne : d'autres veulent qu'il
n'ait pas encore acquis toute ſa perfection , mais qu'il ne lui manque
qu'un degré de plus, qu'il acquierra
par le feu ou la fermentation putride.
Ce changement ſingulier eſt ſans doute
opéré par la ſurabondance de phlogiſtique qui ſe trouve chez les animaux
& dans les plantes crucifères, qui donnent de l'air inflammable.

Les nouvelles analyſes nous ont découvert dans les animaux & les plantes, dites animales, un nouvel acide
qu'on a nommé phoſphorique, & qui
y eſt très-abondant. Cet acide contient beaucoup d'air, de phlogiſtique,
& une grande quantité de terre. On
ignore encore le rôle qu'il joue dans
l'économie animale : on l'avoit cru
formé de l'acide marin. Margraf a démontré le contraire : ſon uſage eſt auſſi
inconnu que ſa nature ; mais ſans doute
il eſt d'une grande utilité. Il eſt très-
abondant dans les os ; & la grande
analogie qu'il y a entre le ſuc oſſeux
& la lymphe glutineuſe, doit faire

préfumer qu'il eft auffi en grande quantité dans celle-ci, dont il fait peut-être un des principes effentiels : il en a le glutineux.

Telle eft la marche de la nature dans fes productions. Elle forme dans le végétal l'huile, l'alkali fixe & l'acide : fon travail eft-il pouffé plus loin, comme dans quelques efpèces, les crucifères, les gommes ? cet acide devient phofphorique en partie, & l'autre paffe au principe falin animal. Ces mêmes principes arrivés chez les animaux, l'acide eft prefque tout inverti en principe falin animal, & en acide phofphorique. Enfin, à la deftruction des végétaux & des animaux, la fermentation putride les décompofe; tout l'acide devient alkali volatil; l'huile fe volatilife également; l'un & l'autre fe décompofent pour rentrer dans la claffe des élémens : bientôt la nature les emploie à former de nouveaux corps.

Toujours admirable dans fes vues, elle a tout fait pour que cette fermentation eût le degré d'intenfité néceffaire, fans en trop avoir. Tous les principes du corps muqueux & de la lymphe animale fermentent très-facile-

compoſer nullement le végétal. Les
plantes que l'on fait cuire ne perdent
rien dans leur tiſſu, & donnent cepen
dant beaucoup de corps muqueux, de
lymphe gélatineuſe à l'eau dans la
quelle ils ont été. Les parties anima
les, ſur-tout les muſcles, donnent éga
lement à la cuiſſon une grande quantité
de gelée, ſans que leur texture en
ſouffre.

La plus grande différence qu'il paroît
donc y avoir entre les liqueurs ani
males & végétales, eſt par rapport au
phlogiſtique. Nous avons vu qu'il eſt
ſurabondant chez les animaux, & que
la nature s'en débarraſſe de toute part,
tandis que les végétaux n'en ayant
point aſſez, l'abſorbent ſans ceſſe : vraiſemblablement il en eſt de même du
fluide électrique, qui rapproche ſi fort
du phlogiſtique. C'eſt la ſurabondance
de ce principe qui, comme nous avons
dit, invertit les acides végétaux en
alkalis volatils dans l'économie ani
male, & en acide phoſphorique. C'eſt
une nouvelle raiſon qui rend ſi perni
cieux aux animaux l'air ſurchargé de
phlogiſtique, parce qu'il ne peut pour
lors recevoir celui qui ſort du corps
de l'animal. Mais nous retrouverons

ici la chaîne chez l'insecte qui, ainsi que le végétal, vit dans l'air putride, l'air phlogistiqué ; sans doute ces espèces d'insectes, loin d'avoir trop de phlogistique, en manquent.

CONCLUSION.

Par ce court exposé, on voit la grande analogie qu'il y a entre le végétal & l'animal. Nous avons détaillé ailleurs les rapports qu'ils ont. En prenant l'homme pour premier terme de comparaison, on descend à l'ourang-outang ; de celui-ci au magot, aux babouins ; puis aux guenons, aux sagouins, aux sapajous, aux makis, aux loris & aux tarsiers. Des quadrumanes on passe aux quadrupèdes ; d'abord à l'écureuil, à la belette, à la souris, & autres de ce genre qui ont la clavicule ; ensuite aux chiens, aux chats, & à leurs genres : enfin aux cochons, ce qui compose les fissipèdes ; puis on trouve la nombreuse famille des pieds fourchus à cornes, soit creuses, soit solides, telles que les chèvres, les béliers, les taureaux, les cerfs, le daim, le renne, l'élan : vien-

nent après le cheval , l'âne & le zèbre.
De-là on paſſe à l'hippopotame , au
phoques , aux morſes , aux lamentins
on arrive aux cétacés , qui , quoiqu
reſſemblant beaucoup aux poiſſons
tiennent encore plus aux quadrupèdes
ſuivent les vrais poiſſons , dont les na
geoires tiennent lieu de pattes. De-là
par l'anguille , on paſſe au genre nombreux des ſerpens , qui n'ont ni patte
ni nageoires. On remonte à la famill
des ſalamandres , des léſards , des cro-
codiles ; aux grenouilles , qui ne diffè
rent des léſards , ſur-tout du petit lé
ſard d'eau , que par la queue , & l
têtard en a une ; aux crapauds , aux tor
tues ; & enfin on revient aux quadru
pèdes par le pangolin , le phatagin
les tatous. Des reptiles ſans jambes
comme les ſerpens , les ſangſues , le
limaces , nous entrons dans la famill
innombrable des vers , dont les uns n
ſubiſſent point de métamorphoſes , tel
que les vers de terre , les ſtrongles
les tœnias , les faſciolas ; d'autres ſ
transforment différentes fois. Parm
ceux-ci , les uns ſont ſans jambes , &
ſe ſervent , pour marcher , de leurs an-
neaux qu'ils alongent ; puis on er
trouve qui ont deux pattes , d'autres

quatre, six, huit; telle eſt la première claſſe de chenilles, qui a huit
pattes, d'autres en ont dix, douze,
quatorze, ſeize; puis les fauſſes chenilles en ont dix-huit, vingt, vingt-
deux, vingt-quatre. Enfin les ſcolo-
pendres, les jules, les mille-pieds, en
ont des quantités conſidérables. De cette
nombreuſe famille de vers, nous entrons
bien naturellement dans celle des inſectes
ailés, puiſque tous, ſoit papillons, ſoit
mouches, ſoit ſcarabés, ont été vers
ou chenilles (la ſeule mouche-araignée
fait peut-être exception). Les nuances
s'y obſervent bien mieux encore, à cauſe
du grand nombre d'eſpèces; ce qui nous
conduiroit à des détails immenſes: qu'on
ſache ſeulement qu'il y a des punaiſes,
des pubreſtes ſans ailes, quoique reſ-
ſemblans en tout à ceux qui en ont.
Il eſt même des fourmis, des puce-
rons de même eſpèce, dont les uns
ont des ailes, d'autres n'en ont point.
De ces inſectes ailés, les ■■■, comme
de petites phalènes de teignes, en ont
de ſi petites, qu'à peine les apperçoit-
on; d'autres en ont deux, comme beaucoup de mouches; d'autres quatre,
comme les papillons, & un grand
nombre de mouches; mais celles qui

n'en ont que deux, ont deux cüillé-
rons qui leur tiennent lieu des aile,
qui leur manquent. Ceux-ci ont de
fourreaux écailleux, comme les ſcarabés ; d'autres de demi - écailleux
comme les ſauterelles. Reſte une grand
claſſe qui paroît moins liée avec le
autres ; ce ſont les oiſeaux. Ils tiennent bien aux quadrupèdes par le
chauve-ſouris, les rougettes, les rouſ-
ſettes, les vampires, le polatouche,
aux poiſſons par les différentes eſpèce
de poiſſons volans ; aux reptiles, pa
le léſard ou dragon volant : mais ce
rapports ſont beaucoup plus éloignés
De la limace, on paſſe bien naturellement à la mentule, & autres ver
ou polypes de mer, dits impropremen
zoophites couverts d'un cuir très-dur,
on entre enſuite dans la claſſe des cruſ-
tacés, dont l'enveloppe eſt plus dure,
enfin on arrive aux coquillages. Ceux-
ci rapprochent tellement de la limace,
qu'il n'y a eſque que la coquille qui
en faſſe la différence ; & même il y
a une eſpèce de limace qui a une portion de coquille. Les coquillages ſont
univalves, bivalves & multivalves ;
parmi les univalves, quelques-unes ont
des opercules pour faire la nuance
avec

Sur l'Organifation animale. 385

avec les bivalves. Bernard-l'hermite,
dont l'extrémité du corps eft ver, &
le refte eft cruftacé ; le taret vert, qui a
la tête armée de coquilles, font également des êtres intermédiaires.

Nous allons defcendre fur les con-
fins des deux règnes animal & végétal. Parmi les vers aquatiques, fe
trouvent les polypes d'eau douce, qu'on
peut regarder comme les derniers des
animaux. Ils font peut-être plus près
de la tremella, efpèce de conferva,
que de l'animal. Ils fe multiplient
comme elle par fection, fe nourriffent
dans les mêmes eaux , & elle a un
mouvement d'ofcillation qui approche
beaucoup de celui de l'animal. Elle
n'a pas le mouvement progreffif ; mais
un grand nombre d'animaux en font
privés, tels que l'huître, la pinne ma-
rine, la chryfalide. De la tremella,
nous entrons dans la famille des conferva, des byffus, puis dans celle des
miriophillon, cératophillon, &c. & de
toutes les plantes aquatiques, foit flu-
viatiles, foit marines, comme les co-
rallines, les fucus, les varecs. Suivent
les autres claffes ; & enfin nous arri-
vons aux dernières, qui font les mouf-
fes, les lichen, les champignons & les

R

agarics : ce font celles qui rapprochent
le plus des belles criftallifations miné
rales. Les mines d'or & d'argent e
arbriffeaux, les arbres de Diane, le
dendrites, ont beaucoup de reffem
blance avec certaines efpèces de lichen
Il y a des géodes, des cailloux qu
reffemblent beaucoup à quelques aga
rics.

La configuration extérieure du vé
gétal, quelque éloignée qu'elle pa
roiffe de celle de l'animal, s'en rap
proche donc par les efpèces intermé
diaires. Les polypes d'eau douce, fu
tout ceux à bras & à panache, on
plutôt la forme d'un végétal que d'u
animal, & ils ont beaucoup d'autre
reffemblances avec le végétal.

Pénétrons dans la ftructure intérieur
des corps organifés ; nous trouveroh
le même plan nuancé, & nous del
cendrons, par la même gradation, d
l'homme au dernier végétal.

Tous les quadrumanes & les qua
drupèdes ont une tête, un tronc ter
miné par une queue & quatre extré
mités : il y a peu de différence dan
l'oftéologie. A la tête, la plus grand
eft peut-être dans les os de la mâ
choire, qui font plus ou moins alon

gés, suivant les espèces. L'homme les
a courts relativement aux autres, &
le coronal est très-grand chez lui, ce
qui lui donne le visage applati. L'ou-
rang outang les a à peu près construits comme lui. Chez les autres animaux ces os sont longs ; &, au lieu
d'avoir une face, ils ont le groin plus
ou moins alongé ; il l'est sur-tout chez
le tapir, le cochon, le tamandua. Le
nombre des vertèbres est à peu près
égal chez tous. L'homme & l'ourang-
outang sont les seuls chez qui le sacrum ne soit pas terminé par une queue,
encore quelques espèces d'homme en
ont une. Le thorax & l'abdomen diffèrent peu chez les uns & chez les
autres. Le bassin est la partie où on
observe le plus de différence, par la
situation verticale de l'homme & de
quelques espèces de singe. Tout le
corps porte d'un côté sur le sacrum
par la colonne épinière, ce qui repousse
en bas les os des isles ; tandis qu'anté-
rieurement il est supporté par les fe-
murs dans les cavités cotyloïdes, ce
qui fait remonter les pubis : d'où il
arrive que les os se trouvent à peu
près de niveau avec le sacrum, tandis
qu'ils sont beaucoup plus bas chez l'a-

nimal qui marche sur ses quatre pattes.
Le femur, le tibia, le péroné, l'humerus, le radius & le cubitus, sont
presque ressemblans chez les uns & les
autres ; seulement il en est chez qui le
radius & le péroné sont peu marqués.
La plus grande différence est dans les
extrémités, au tarse, métatarse, carpe
& métacarpe.

La ressemblance est peut-être plus
parfaite dans la structure intérieure. Le
cerveau & le cervelet ne varient que
quant à la grosseur ; il est vrai qu'à
cet égard l'homme l'a beaucoup plus
gros proportionnellement : d'ailleurs
les mêmes artères, les mêmes veines,
les mêmes nerfs, les mêmes sens chez
les uns & chez les autres. Le cœur &
le poumon diffèrent peu. Il y a un peu
plus de variétés dans l'estomac & les
intestins entre les carnivores & les ruminans : ceux-ci ont un quadruple
estomac, & les intestins beaucoup plus
alongés ; mais d'ailleurs le foie, la
rate, les reins, les parties sexuelles se
ressemblent beaucoup. La matrice,
dans les espèces qui font beaucoup de
petits, diffère un peu de celle des
autres.

Si nous passons des quadrupèdes aux

óiſeaux, les différences ſont beaucoup plus grandes. Dans la tête, au lieu d'os maxillaires & d'os du nez, nous trouvons le bec. Le fourmillier paroît placé pour faire la nuance ; il n'a point de dents, & ſa langue approche de celle oiſeaux. Les narines, les oreilles, varient également : le col eſt auſſi très-différent, quoiqu'on y trouve une trachée & un œſophage. Le tronc diffère auſſi beaucoup : le ſternum & les clavicules ſont très-conſidérables, pour l'attache des gros muſcles pectoraux qui font jouer les ailes : les vertèbres dorſales, lombaires, & le ſacrum, ſont unies intimement. Le baſſin ne reſſemble guères ; cependant, en examinant de près, vous retrouvez toujours l'enſemble. A l'intérieur, il y a plus de reſſemblance. L'eſtomac, les inteſtins, le foie, la rate, les reins, les parties génitales, diffèrent peu. Il n'y a que l'ovaire de la femelle qui eſt un peu différent de la matrice ; mais le cœur & le poumon ſe reſſemblent beaucoup. La plus grande différence eſt dans les extrémités : le femur, le tibia, l'humerus, le cubitus & le radius, ſe retrouvent. Seulement le péroné manque quelquefois à moitié ; mais dans l'aileron & la griffe, il feroit difficile de reconnoître le tarfe & le carpe ; cependant, dan tout cet enfemble, on voit le mên plan qui a modelé les quadrupèdes.

Une des plus grandes différenç qu'aient les oifeaux avec les grand efpèces, eft la manière dont ils fe reproduifent : c'eft par les œufs, tan dis que celles-ci font vivipares. Ma la nature a paru fe jouer à cet égar La tortue, qui eft un quadrupède eft ovipare : la vipère eft vivipare, le ferpent eft ovipare. Chez les poi fons & les infectes, elle a fuivi le mêmes variations. Au refte, en ex minant de près un œuf, nous verro qu'il eft comme le placenta du pet embryon.

La falamandre, le léfard, le cro codile, ne s'éloignent pas infinime du tatou & de la tortue. Mais l'ord immenfe des ferpens en diffère déj beaucoup : la forme du corps n'a nu reffemblance ; il eft extrêmement along les vertèbres font en un nombre conf dérable ; ils n'ont point d'extrémité A l'intérieur, ils fe rapprochent da vantage ; cerveau, cervelet, cœur poumon, eftomac, inteftin, foie

parties de la génération, tout se retrouve. Les serpens sont des lésards
sans jambes ; & comme la nature se
plaît à enchaîner ses ouvrages, elle en
a donné au petit seps.

La chaîne est plus aisée à suivre
dans l'ordre des poissons : le castor,
qui est un vrai quadrupède, a déja la
queue d'un poisson. Les phoques ont
des mains en devant & des nageoires
par derrière, & les nageoires de la
baleine ressemblent à la main de
l'homme. La circulation se fait chez
eux comme chez les autres quadrupèdes ; ils ont seulement le trou ovale
ouvert, mais tous respirent : leurs organes intérieurs ressemblent à ceux
des premiers, & ils se reproduisent de
la même manière.

On entre dans l'ordre des vrais poissons, qui se rapprochent plus pour la
forme des serpens ; telle est l'anguille
par exemple, ils ont des nageoires
pour figurer avec les extrémités des
quadrupèdes. D'ailleurs, à l'intérieur,
ils ont à peu près les mêmes organes;
cerveau, cœur, estomac, intestins,
foie, parties de la génération. Le
poumon est peut-être ce qui diffère le
plus : ce sont des lames innombrables,

où Duverney a compté 4386 oſſelets.
Mais quoique ſa ſtructure s'éloigne
beaucoup de celle des autres animaux,
il ſert aux mêmes fonctions ; il extrait
de l'eau, l'air ſur-tout, l'air fixe néceſſaire pour revivifier le ſang veineux.
Le cœur n'a également qu'un ventricule, & la veine pulmonaire fait fonction de grande artère, & porte le
ſang dans toutes les parties.

Viennent enfin les vers & les inſectes : ils diffèrent beaucoup des autres eſpèces. Les vers n'ont point d'os.
Les coquillages ont un toit oſſeux,
mais qui ne reſſemble nullement à la
charpente des grands animaux, comme
le fait l'écaille de la tortue. Par leur
forme alongée, ils rapprochent des ſerpens, dont ils s'éloignent beaucoup
d'ailleurs. A l'intérieur, les principaux
viſcères ſe retrouvent, une tête, un
cœur, un eſtomac, des inteſtins, des
parties ſexuelles ; mais ils ne ſont
point configurés comme dans les grandes eſpèces. Quelques araignées ont
les parties ſexuelles au bout des pattes.
Le cœur chez tous n'a que deux oreillettes ſans ventricules ; ſouvent on ne
voit qu'une grande artère. Auſſi la
circulation s'y fait-elle d'une manière

bien différente. M. de Réaumur cite
des vers chez qui les liqueurs coulent
tantôt dans un fens, tantôt dans un
autre. Enfin, ce qui eſt bien extraor-
dinaire, c'eſt qu'un grand nombre de
ces eſpèces peut être coupé en pluſieurs parties, & chacune d'elles devient un animal parfait ; ce qui annonce une organiſation bien différente
de celle des autres animaux, & qui ſe
rapproche plus de celle du végétal.

Une autre reſſemblance qu'ils ont
avec le végétal, eſt un organe eſſentiel à la vie des uns & des autres. Ce
font les trachées, ou eſpèces de lames
à boudin, blanches, élaſtiques, qui ſe
diſtribuent dans tout le corps de l'inſecte, accompagnent tous les autres
vaiſſeaux, & communiquent à l'extérieur par un nombre plus ou moins
grand d'ouvertures. Les corps des
grands animaux font pleins d'air, qui
circule avec leurs liqueurs : mais il ne
paroît pas avoir de vaiſſeaux propres ;
au lieu que chez l'inſecte & le végétal, les trachées paroiſſent avoir été
faites uniquement pour ſa circulation ;
il entre par les trachées & ſtygmates,
& ſort par tous les pores de la peau.
Il eſt une de leurs principales forces

mòtrices ; & dès qu'on bouche ces
trachées , l'infecte ou la plante périffent auffitôt : l'organifation de l'infecte approche donc on ne peut davantage de celle du végétal.

Dans toutes ces différentes efpèces
d'êtres vivans que nous venons de
peindre , nous trouvons une tête, un
thorax , un tronc, & des extrémités à
l'extérieur ; & à l'intérieur , un cerveau , un cœur, des organes pour la
refpiration , un eftomac, des inteftins , un foie, & des parties fexuelles.
Tous ont la fenfibilité & du mouvement. Tel eft donc le grand plan de
la nature, qu'elle a varié fuivant fon
plaifir. C'eft fur-tout dans les petites
efpèces où elle a étalé toutes fes ref-
fources. Quelle variété dans les infectes & les coquillages ! Elle a fait
des vers à tête variable. Dans d'autres , la circulation peut fe faire en un
fens ou en un autre. On coupe ceux-
ci en totalité ou en partie, & ils fe
reproduifent. Dans le genre des coquillages, on obferve toutes les efpèces d'hermaphrodifmes, comme chez
les végétaux.

La vitalité des animaux & des végétaux préfente les mêmes nuances

que leurs configurations extérieures &
intérieures : les liqueurs circulent chez
les uns, & circulent chez les autres.
Ceux-ci ont des sécrétions ; ceux-là
en ont également : ceux-ci se reproduisent par le secours des deux sexes
& des liqueurs appropriées ; chez ceux-
là, c'est le même mécanisme. On a
même retrouvé chez quelques végétaux les mêmes organes que chez les
animaux. On reproduit les végétaux
par boutures : on reproduit beaucoup
d'espèces de vers, & les polypes, par
section. On greffe ceux-ci ; Bonnet a
greffé des crêtes de coq sur leurs têtes.
Les veines lactées chez les uns, font
les mêmes fonctions que les chevelus
chez les autres. Ils tirent également
beaucoup de sucs nourriciers par leurs
pores absorbans : enfin il n'y a point
de fonction chez les uns, qu'on ne
trouve chez les autres. Les bois de
l'élan, du cerf, paroissent plutôt prendre
de l'accroissement à la manière des
végétaux, que comme les parties animales.

Chez les grands animaux, les quadrupèdes, les oiseaux, les reptiles, les
poissons, la vie paroît consister principalement dans le mouvement du

cœur & celui des parties ſolides ; dès
que le cœur ceſſe de battre, la vie eſt
terminée, & l'animal meurt. Cette
action eſt aidée, dans les petits vaiſſeaux, par la force qui fait monter les
liqueurs dans les tuyaux capillaires.
L'air leur eſt auſſi de première néceſſité:
nul animal ne peut vivre ſans cet
élément ; non-ſeulement l'air leur eſt
utile pour la reſpiration, mais il eſt
encore un air intérieur contenu dans
leurs vaiſſeaux, dont la dilatation &
la condenſation contribuent à leur
ſanté, & leur eſt même néceſſaire
pour l'entretien de leur vie. Il agite
les ſolides, broie les liquides, &
ſoutient le mouvement que les forces
du cœur & les autres ſolides ont commencé. Il paroît même que chez les
ovipares c'eſt l'air intérieur qui donne
la première impulſion. Un œuf fé-
condé peut ſe conſerver dans une
température moyenne un grand laps
de temps, ſans que le germe ſoit altéré ni ne ſe développe, pourvu qu'on
empêche l'évaporation. Expoſé enſuite
à une chaleur de trente-deux degrés,
ſes liqueurs ſe mettront en mouvement ; & au bout de vingt-quatre heures, on apperçoit déja le cœur comme

un point qui fe meut avec viteffe, &
quelques gouttes de fang. Nul autre
agent n'a pu commencer ce mouvement que l'air intérieur, qui, dilaté
par la chaleur de l'incubation, a produit une efpèce de fiftole & de diaftole
par des condenfations & raréfactions
alternatives. Les liqueurs ont été mifes
en mouvement, fe font introduites
dans les petits vaiffeaux du germe,
les ont diftendus, & ont ainfi commencé la vie chez le petit animal. Il
en eft de même de la chryfalide, dont
on peut hâter ou retarder le développe-
pement, en la tenant dans un air plus
ou moins chaud.

L'air, chez l'infecte, eft encore
d'une plus grande néceffité. Nous le
pouvons conclure de l'art avec lequel
la nature a arrangé les trachées chez
lui. Les grands animaux n'ont qu'un
poumon, qui eft affez petit : chez l'infecte tout paroît trachées ; elles fe divifent & fe fubdivifent en mille fens,
accompagnent les vaiffeaux, & l'animal périt auffitôt qu'on les bouche ;
au lieu que les autres peuvent vivre
quelque temps fans refpirer, comme
nous le voyons par les noyés qu'on
rappelle à la vie ; & fi le trou ovale

n'eſt pas fermé, ils vivront encore bien plus long-temps. Les amphibies peuvent ne pas reſpirer pendant un grand laps de temps. On a fait congeler des chenilles ſans qu'elles en aient souffert. Un oiſeau, un quadrupède qu'on traiteroit ainſi, seroit mort pour toujours. Dans les aſphyxies les plus conſidérables, le cœur conſerve toujours un petit mouvement; mais dans la chenille gelée, il ne peut y en avoir aucun. Qu'eſt-ce qui le réveillera donc, ſi ce n'eſt l'action de l'air dans les trachées, qui, en ſe dilatant & ſe condenſant, agite les liquides ? les ſolides ſont agacés, & la circulation recommence. L'expérience rapportée par le Docteur Arbuthnot que nous avons cité, prouve que l'air peut, chez les grands animaux eux-mêmes, rappeler le mouvement ſuſpendu, & ainſi rendre la vie à un animal mort.

Dans le végétal, c'eſt l'air qui eſt la principale force motrice: l'action des tuyaux capillaires y a auſſi un effet très-marqué; ils aſpirent, ſoit par les chevelus des racines, ſoit par les pores des feuilles. La réaction des parties ſolides a beaucoup moins d'énergie chez lui.

Voilà donc trois puiffances motrices chez les animaux & chez les végétaux, la force des folides, l'action des tuyaux capillaires, & celle de l'air. Chez les grands animaux, le cœur donne la première impulfion. La réaction du fyftême artériel, l'irritabilité, la contractilité de toutes les parties, l'action mufculaire, &c. foutiennent ce premier mouvement : l'air intérieur ajoute un nouveau degré de force. Enfin l'action des tuyaux capillaires fait beaucoup dans les dernières ramifications des vaiffeaux : c'eft elle qui afpire dans les veines lactées, & par les pores abforbans. Chez l'infecte, l'air joue un beaucoup plus grand rôle ; il eft un des principaux agens : fon action eft peut-être fupérieure à celle du cœur & de tous les folides. Les tuyaux capillaires agiffent auffi beaucoup. Enfin chez le végétal, l'action de l'air eft la principale ; celle des tuyaux capillaires vient enfuite : la réaction des folides eft l'acceffoire. Tels font les agens qui animent le végétal & l'animal. La force qui fait criftallifer toute la matière, les produit du mélange des femences qui criftallifent fous ces formes élégantes : la même force

les nourrit, & leur donne l'accroiffement.

La grande différence qu'il paroît
donc y avoir entre eux, eft l'unité de
l'animal. Il ne fait qu'un tout ; au lieu
qu'on diroit le végétal multiple en
quelque façon, comme on le voit par
les greffes & les boutures, qui font autant d'êtres diftinéts. Mais le polype
n'eft-il pas multiple lui-même ? Il a
cependant une tête, un corps, des
bras, &c. La tête, chez les grands
animaux, eft le centre d'unité : c'eft
d'elle d'où partent les nerfs, qui font les
moteurs de la machine, & le principe
du fentiment. Mais chez le polype,
beaucoup d'efpèces de vers, l'organifation doit changer, puifqu'ils vivent en
leur ôtant ces parties, & qu'elles fe reproduifent. Leur organifation eft fans doute
plus fimple, & approche de celle des
végétaux : ce ne font que des vaiffeaux
fans vifcères. Un tiffu véficulaire glanduleux, qui fe rencontre dans tout le
corps, fait l'office de vifcères & d'organe fécrétoire, comme chez le végétal. Leur eftomac eft un fac qui
fournit la nourriture : le chyle eft ab-
forbé par les veines lactées, comme
la fève par les chevelus des racines,

& il circule dans des vaiffeaux ainfi
que toutes les liqueurs animales. Mais
il faut que ces animaux puiffent tirer
leur nourriture par les feuls pores
abforbans, comme la plante ; car, lorfque la fection traverfe l'eftomac, ce
vifcère ne peut plus contenir les alimens. Le polype fe nourrit donc pour
lors à peu près comme le végétal,
dont il eft vraifemblablement plus
proche que de l'animal : il n'y a que
le feul mouvement progreffif qui l'en
diftingue ; encore la tremella en a-t-
elle une efpèce.

Peut-on dire que chez le végétal il
y ait un centre d'unité ? Y a-t-il un
point, tel que le fenforium de l'animal,
où tous fes mouvement fe rapportent ?
Rien ne l'indique. Nous ne connoiffons
aucune partie qui en puiffe faire
fonction.

Chez l'animal, la vitalité, le principe de vie, eft dans la fenfibilité &
l'irritabilité du fyftême nerveux : la
vie ne ceffe chez lui qu'avec la deftruction des nerfs. Chez le végétal, ce
principe de vie eft dans les trachées.
Une plante arrachée depuis long-temps
du fein de la terre, reprendra vie en
la plantant, fi les trachées ne font pas

détruites. Un grand nombre végète au printemps ſans être en terre : telles ſont toutes les racines ; c'eſt par l'action de l'air contenu dans les trachées.

Une autre reſſemblance qu'ont beaucoup d'inſectes avec les végétaux, eſt de pouvoir vivre comme elles dans l'air putride, l'air phlogiſtiqué, tandis que les grands animaux y périſſent.

Il ſe trouve donc les plus grands rapports entre les animaux & les végétaux. Ces derniers ſont, pour ainſi dire, l'eſſai qu'a fait la nature pour la formation des corps organiſés. Leur ſtructure eſt de la plus grande ſimplicité ; & ſans doute elle y a mis bien des nuances qui nous échappent encore. De ceux-ci, elle a paſſé aux animaux, dont le mécaniſme eſt beaucoup plus compoſé. Ils ne ſont point fixés à un lieu déterminé, ils ont reçu la faculté de ſe mouvoir ; mais on obſerve les mêmes nuances que chez les végétaux. La nature a commencé par le polype & les inſectes ; elle a paſſé aux reptiles & poiſſons, eſt venue aux oiſeaux & aux quadrupèdes, & a fini par l'homme, qui eſt ſon chef-d'œuvre.

Elle a obſervé la même marche

dans la préparation de leurs liqueurs. La sève végétale est d'abord purement aqueuse : bientôt il s'y développe de nouveaux principes, les sels & les huiles ; & elle devient gelée & lymphe végétale. En passant chez les animaux, elle subit un second travail : de nouveaux principes sont formés : l'acide est détruit, pour produire le principe salin animal, & l'acide phosphorique. La lymphe végétale est affinée, & acquiert cette subtilité qu'ont les liqueurs animales ; mais, la nature cherchant toujours à enchaîner ses productions, la classe nombreuse des crucifères & quelques autres ont leurs liqueurs très-approchantes de celles des animaux. A l'analyse, elles donnent également de l'alkali volatil, de l'acide phosphorique, & de l'air inflammable ; tandis que d'un autre côté on retire de celles des insectes, à peu près les mêmes produits que des végétaux, beaucoup d'acide, & presque point d'alkali volatil.

La même chaîne s'observe jusqu'à un certain point en passant aux minéraux. Leurs belles cristallisations approchent beaucoup, quant à la configuration, des mousses, des lichens, des

agarics. Ce font fur-tout les métaux
natifs, tels que l'or & l'argent, qui donnent ces beaux criftaux arborifés. Des
métaux, on defcend facilement aux
pierres, aux fables & aux terres, puifque la plupart des métaux dans l'état
de minéralifation font fous forme de
pierre, de fable ou de terre; il eft même
peu de terres & de pierres qui ne contiennent du fer ou quelque autre métal. Des métaux aux fels, la nuance eft
imperceptible : les différens vitriols, le
borax lui-même, font des fels métalliques. L'arfenic tient autant aux fels par fa
qualité de décompofer le nitre, d'être
foluble à l'eau, & d'avoir la plus grande
caufticité, qu'aux métaux par fes autres
propriétés. Il y a peu de différence des
fels au foufre, puifque celui-ci eft un fel
dont l'acide eft neutralifé par le phlogiftique. Suivent les bitumes, qui tiennent aux
métaux par les pyrites dont ils font chargés, & au foufre dont ils font très-voi-
fins; car ils contiennent comme lui beaucoup d'acide vitriolique, de phlogiftique, & fouvent le foufre y eft tout
formé. Enfin les impreffions végétales
& les os foffiles, font des débris des
règnes végétal & animal.

Mais les minéraux diffèrent entiè-

rément des animaux & des végétaux,
quant à l'organisation intérieure : c'eſt
bien la même cauſe que nous avons
vue former, nourrir & accroître ceux-
ci, qui forme & donne de l'accroiſ-
fement à ceux-là ; ils criſtalliſent les
uns & les autres ; mais la criſtalliſa-
tion agit différemment chez les derniers : ce n'eſt que par juxtapoſition.
Les autres ont des vaiſſeaux dans leſquels circulent des liqueurs qui les
nourriſſent par interſuſception. Cependant la nature n'a pas coutume de faire
des paſſages auſſi bruſques : il eſt vrai-
femblable qu'elle a ménagé des nuances
qui nous échappent encore.

On ne découvre point de vaiſſeaux
dans les minéraux, il eſt vrai ; mais
ils font pénétrés par les vapeurs mo-
fétiques, les gaz qu'on rencontre dans
l'intérieur des mines. Ils les colorent,
les accroiſſent même, & ſouvent en
changent la nature en les minéraliſant.
On a trouvé dans des mines qui avoient
été abandonnées pendant long-temps,
d'anciens inſtrumens de bois, tels qu'une
échelle, tout minéraliſés, & couverts
de belles criſtalliſations métalliques. Ce
font donc ces vapeurs, qu'on peut regarder comme métalliques, qui ont pé-

nétré ces bois, les ont minéralisés, &
ont enfuite formé ces criftallifations
magnifiques. Ne pourroit-on pas foupçonner que les agarics, par exemple,
ont une origine approchante ? Ils ne
viennent la plupart que fur des bois
qui commencent à fe pourrir. Ne fe-
roit-ce pas auffi des émanations, des
vapeurs élevées de ce bois, qui fe
criftallifent ainfi ? On ne découvre
dans l'agaric rien qui approche de ce
que nous voyons dans les autres végétaux ; on n'y apperçoit ni vaiffeaux,
ni liqueur, ni parties de fructification ;
il eft appliqué fur le bois, mais fans
racines : d'ailleurs ce bois pourri ne
pourroit lui donner que peu de fucs.
Son tiffu reffemble plus à celui des
minéraux, tels que l'amianthe, l'af-
befte, qu'à celui des végétaux. On ne
ne peut guères lui refufer une génération fpontanée : n'ayant point de parties de fructification, il ne peut avoir
de graines. Seroit-il une efpèce particulière de criftallifation qui feroit
formée par les émanations du bois,
mais auroit cependant quelques vaiffeaux, quelques tuyaux par où s'infi-
nueroient ces vapeurs pour l'accroître,
fans qu'il y eût aucune efpèce de cir-

culation? Nous avons vu combien il
y a de nuances dans l'organisation animale. Les polypes d'eau douce ont
une organisation toute différente de
celle des autres animaux, & se rapprochent beaucoup plus du végétal.
N'y auroit-il pas aussi des végétaux
organisés différemment des autres, &
approchans plus du minéral ? Ce seroit
bien conforme à la marche de la
nature.

F I N,

ERRATA.

Page 65 , *ligne* 1 , la anatomie, *lisez* l'anatomie.

Ibidem , *ligne* 11 , follicule, *lisez* follécule.

Page 127 , *ligne* 7 , gaze, *lisez* gerce.

Page 206 , *ligne* 20 , chyle, *lisez* chyme.

www.ingramcontent.com/pod-product-compliance
Lightning Source LLC
Chambersburg PA
CBHW052103230326
41599CB00054B/3619